建筑电气设计与施工探究

樊 琦 李 斌 李玉洁 ◎ 著

吉林科学技术出版社

图书在版编目（CIP）数据

建筑电气设计与施工探究 / 樊琦 , 李斌 , 李玉洁著 .
长春 : 吉林科学技术出版社 , 2024. 8. -- ISBN 978-7
-5744-1790-8

Ⅰ . TU85

中国国家版本馆 CIP 数据核字第 2024PA7078 号

建筑电气设计与施工探究

著　　樊　琦　李　斌　李玉洁
出 版 人　宛　霞
责任编辑　王天月
封面设计　金熙腾达
制　　版　金熙腾达
幅面尺寸　170mm×240mm
开　　本　16
字　　数　228 千字
印　　张　14.5
印　　数　1~1500 册
版　　次　2024年8月第1版
印　　次　2024年12月第1次印刷

出　　版　吉林科学技术出版社
发　　行　吉林科学技术出版社
地　　址　长春市福祉大路5788 号出版大厦A 座
邮　　编　130118
发行部电话/传真　0431-81629529 81629530 81629531
　　　　　　　　　81629532 81629533 81629534
储运部电话　0431-86059116
编辑部电话　0431-81629510
印　　刷　三河市嵩川印刷有限公司

书　　号　ISBN 978-7-5744-1790-8
定　　价　87.00元

前　言

在全球化和信息化时代背景下，建筑行业正经历着前所未有的变革。建筑电气作为现代建筑工程中的核心组成部分，不仅关系到建筑的功能性和安全性，更是实现建筑智能化、节能化的关键技术。随着智能建筑技术的飞速发展和建筑节能标准的日益严格，建筑电气设计与施工领域正面临着新的挑战和机遇。

本书是一本全面深入探讨建筑电气设计和施工的专业书籍。本书从建筑电气的基础知识和设计基础出发，系统地介绍了建筑电气智能化的关键技术，包括安全技术防范、建筑设备监控及通信与信息。在基础设计方面，书中详细阐述了建筑照明系统、防雷与接地、弱电系统和楼宇自动化系统的设计要点。特别是针对智能建筑消防工程，书中不仅提供了认知介绍，还深入探讨了建筑消防灭火系统及联动控制设计，以及消防工程施工的组织与管理。在施工实践方面，本书涵盖了建筑电气施工的基本知识，介绍了施工中常用的材料、工具和仪表，并详细讲解了室内外配电线路的安装技术。此外，书中还对电动机及低压电器安装、变配电室的安装进行了深入分析，为建筑电气设计与施工提供了全面的技术指导和实践参考。本书旨在为建筑电气领域的工程师、设计师、施工人员，以及相关专业的学生与研究人员提供最新的理论知识和实践经验，以适应建筑行业不断发展的新需求。

在撰写本书的过程中，我们虽已竭尽所能，汇集了丰富的理论知识和实践经验，但建筑电气设计与施工是一个不断发展和进步的领域，新的技术和理念层出不穷。因此，书中不免存在未尽之处或需要进一步探讨的问题。我们诚挚地希望读者与同行专家能够提出宝贵的意见和建议，帮助我们不断改进和完善。感谢您的阅读和支持，让我们共同为推动建筑电气行业的发展贡献力量。

目　录

第一章　建筑电气概述

第一节　建筑电气基础知识

一、建筑电气的定义

建筑电气是指为建筑物和人类服务的各种电气、电子设备，提供包括用电系统在内的各类电子信息系统。

建筑电气系统包括电力系统和智能建筑系统两部分。

（一）电力系统

电力系统指电能分配供应系统和所有电能使用设备与建筑物相关的电气设备，主要用于电气照明、采暖通风、运输等。向各种电气设备供电需要通过供配电系统，一般是从高压或中压电力网取得电力，经变压器降压后，用低压配电柜或配电箱向终端供电。有的建筑物还自备有发电机或应急电源设备。对于供电不能间断的设备，需要配备不间断电源设备。

供配电设备包括变配电所、建筑物配电设备、单元配电设备、电能计量设备、户配电箱等。

电能使用设备包括电气照明、插座、空调、热水器、供水排水、家用电器等。

为了保证各种设备的安全可靠运行，电力系统需要采用防雷、防雷击电磁脉冲、接地、屏蔽等措施。

（二）智能建筑系统

1.建筑物自动化系统

建筑物自动化系统包含建筑物设备的控制系统、家庭自动化系统、能耗计量系统、停车库管理系统，还可以包括火灾自动报警和消防联动控制、安全防范系统。安全防范系统可包含视频监控系统、出入口控制系统、电子巡查系统、边界防卫系统、访客对讲系统。住宅可以包括水表、电表、燃（煤）气表、热能（暖气）表的远程自动计量系统。

2.通信系统

通信系统包含电话系统、公共（有线）广播系统、电视系统等。

3.办公自动化系统

办公自动化系统包含计算机网络、公共显示和信息查询装置，是为物业管理或业主和用户服务的办公系统。办公自动化系统可分为通用和专用两种。住宅可以包括住户管理系统、物业维修管理系统。

二、电气基础知识

（一）电路基础知识

1.电路组成

电路由电源、负载和中间环节组成。常见负载有电阻器、电容器和电感器。

（1）电阻

电阻是导体的一种基本性质，与导体的尺寸、材料、温度有关。电阻在电路中具有降低电压、电流的作用。

电阻器是用导体制成的具有一定阻值的元件。电阻器的种类有很多，通常分为碳膜电阻、金属电阻、线绕电阻等。此外，还有固定电阻、可变电阻、光敏电阻、压敏电阻、热敏电阻等。

电阻的基本表示符号是"R"。

电阻的单位为欧姆（Ω），常用单位有欧（Ω）、千欧（kΩ）、兆欧（MΩ）等。

（2）电容

电容指电容器两极间的电场与其电量的关系。

电容器由两个金属极中间夹有绝缘材料（介质）构成。绝缘材料不同，其所构成的电容器的种类也不同。

①电容器按结构可分为固定电容、可变电容、微调电容。

②按介质材料可分为气体介质电容、液体介质电容、无机固体介质电容、有机固体介质电容和电解电容。

③按极性可分为有极性电容和无极性电容。

我们最常见到的极性电容是电解电容。

电容在电路中具有隔断直流电、通过交流电的作用，因此常用于级间耦合、滤波、去耦合、旁路及信号调谐。

电容的基本表示符号为"C"。

（3）电感

电感是指导体产生的磁场与其电流的关系。在电路中，当电流流过导体时，会产生电磁场，电感是衡量线圈产生电磁感应能力的物理量。给一个线圈通入电流，线圈周围就会产生磁场，线圈所围的面积中就有磁通量通过。通入线圈的电流越大，磁场就越强，通过线圈的磁通量就越大。实验证明，通过线圈的磁通量和通入的电流是成正比的，它们的比值称自感系数，也叫电感。如果通过线圈的磁通量用Φ表示，电流用I表示，电感用L表示，那么$L = \Phi/I$。

能产生电感作用的元件统称为电感元件，常常直接简称为电感器。

①电感器按导磁体性质可分为空芯线圈、铁氧体线圈、铁芯线圈、铜芯线圈。

②按工作性质可分为天线线圈、振荡线圈、扼流线圈、陷波线圈、偏转线圈。

③按绕线结构可分为单层线圈和多层线圈。

电感的作用是阻交流通直流、阻高频通低频（滤波）。

电感的基本表示符号为"L"。

2.电路中的物理量

电路中常用物理量有电压、电流、功率。

（1）电压

电压（U）为两点电位差。各点电位与参考点有关。

（2）电流

导体中的电荷运动形成电流，计量电流大小的物理量也叫电流。电流定义为单位时间内通过导体横截面的电量（Q）。电流的方向规定为正电荷运动的方向，即由电源正极流出，回到负极。

（3）电功率

电功率（P）表示电能的瞬时强度。一个元件消耗的电功率等于该元件两端所加的电压与通过该元件电流的乘积，即$P = UI$。

3.欧姆定律

欧姆定律用于表示电路中电压、电流和电阻的关系。

（1）一般电路的欧姆定律

设一个电阻（R）上的电压为U，流过的电流为I，则各量之间的关系为$I = U/R$或$U = IR$，这就是欧姆定律。

（2）全电路欧姆定律

全电路欧姆定律表示电源电动势与负载两端电压和电源内阻上电压之间的关系，即电源电动势等于负载两端电压与电源内阻上的电压之和。

（二）电源

电源是供给用电设备电能的装置。电能可以分为直流电和交流电。

1.直流电

直流电的方向不会随着时间而发生改变，所以比较稳定。现在电子设备中必须有的一个功能特点，就是一定要有良好的稳定性。而在这里，我们就要用到这一种，所以需要用到别的东西，在这两者之间发生一定的转变，并且它产生的磁场是比较稳定的，所以经常被用于一些比较重要的控制系统，如变电站、移动通信基站等。

蓄电池就是一种直流电源，它的基本参数包括电压（如2 V、6 V、12 V等）、容量（如65 Ah、100 Ah等）。

2.交流电

交流电指供电的电压或电流是有规律地随时间变化的电源。它可以通过变压器进行改变，但是另外一种却不能实现这一点，所以在长距离的电能输送中我们采用会变化的那一种类型，主要是因为电缆都非常长，学过物理我们就会知道，这样会使电阻非常大，从而发生很大的能量损耗，所以一定要加大输出的电压，这样就能减少损耗。最后，在终端又可以通过变压器将高电压转化成比较合适的电压，正是这样，我们才会在大规模远距离上都采用高压交流输电模式。其理想的变化规律是正弦波。

（1）正弦交流电

正弦交流电的电压或电流随时间而按照正弦函数做周期性变化。正弦交流电的电压或电流有瞬时值：幅值和有效值。

（2）交流电的参数

该参数主要有周期、频率、角频率、相位。

①周期。交流电的周期（T）指变化一个循环所需要的时间，单位为s。

②频率。交流电的频率（f）指交流电每秒钟变化的周期数，单位为s或Hz。

③角频率。交流电的角频率（a）为每秒变化的弧度，单位为rad/s。

④相位。在交流电中，相位是反映交流电任何时刻的状态的物理量。交流电的大小和方向是随时间变化的。如正弦交流电流，它的公式是$i = I\sin 2\pi ft$。i是交流电流的瞬时值，I是交流电流的最大值，f是交流电的频率，t是时间。随着时间的推移，交流电流可以从零变到最大值，从最大值变到零，又从零变到负的最大值，再从负的最大值变到零。在三角函数中$2\pi ft$相当于弧度，它反映了交流电任何时刻所处的状态，是在增大还是在减小，是正的还是负的等。因此把$2\pi ft$叫作相位，或者叫作相。

3.交流电路

交流电路是指电源的电动势随时间做周期性变化，使得电路中的电压、电流也随时间做周期性变化，这种电路叫作交流电路。如果电路中的电动势电压、电流随时间做简谐变化，该电路就叫简诸交流电路或正弦交流电路，简称正弦电路。

4.交流电源

交流电源是现代词，是一个专有名词。三相稳压器实际就是把三个稳压单元用"Y"形接法连接在一起，再用控制电路板和电机驱动系统来控制调压变压器，达到稳定输出电压的功能。如果三个调压变压器的滑臂都是由一个电机来驱动的，则为统调稳压器；如果三个调压变压器的滑臂由三个电机来独立调整的就是三相分调式稳压器。它们的工作原理同单相的稳压器完全相同。

5.电源质量

近年来，电力网中非线性负载逐渐增加，如变频驱动或晶闸管整流直流驱动设备、计算机、重要负载所用的不间断电源（UPS）、节能荧光灯系统等，这些非线性负载将导致电网污染，电力品质下降，引起供用电设备故障，甚至引发严重火灾事故等。世界上的一些建筑物突发火灾已被证明与电力污染有关。

电力污染及电力品质恶化主要表现在电压波动及闪变、谐波、浪涌冲击、三相不平衡等方面。下面重点介绍前两者。

（1）电压波动及闪变

电压波动是指多个正弦波的峰值在一段时间内超过（低于）标准电压值，从半周期到几百个周期，即从 10 ms 到 2.5 s，包括过电压波动和欠电压波动。普通避雷器和过电压保护器完全不能消除过电压波动，因为它们是用来消除瞬态脉冲的。普通避雷器在限压动作时有相当大的电阻值，考虑到其额定热容量（焦耳），这些装置很容易被烧毁，而无法提供以后的保护功能。这种情况往往很容易被忽视掉，这是导致计算机、控制系统和敏感设备故障或停机的主要原因。另一个相反的情况是欠电压波动，它是指多个正弦波的峰值在一段时间内低于标准电压值，或如通常所说的晃动或降落。长时间的低电压情况可能是由供电公司或用户过负载造成的，这种情况可能是事故现象或计划安排。更为严重的是失压，它大多是由配电网内重负载的分合造成的，如大型电动机、中央空调系统、电弧炉等的启停及开关电弧、熔丝烧断、断路器跳闸等。

闪变是指电压波动造成的灯光变化现象对人的视觉产生的影响。

（2）谐波

交流电源的谐波电流是指其中的非正弦波电流。电源谐波的定义是，对周期性非正弦波电量进行数学分解，除了得到与电网基波频率相同的分量，还得到一系列频率大于电网基波频率的分量，这种正弦波称为谐波。

电源污染会对用电设备造成严重危害，主要有以下四种：

①干扰通信设备、计算机系统等电子设备的正常工作，造成数据丢失或死机。

②影响无线电发射系统、雷达系统、核磁共振等设备的工作性能，造成噪声干扰或图像紊乱。

③引起电气自动装置误动作，甚至发生严重事故。

④从供电系统中汲取谐波电流会迫使电压波形发生畸变，如果不加以抑制，就会给供电系统的其他用户带来麻烦。它会使电气设备过热、加大振动和噪声、加速绝缘老化、缩短使用寿命，甚至发生故障或烧毁。它将给电缆、变压器及电动机带来问题，如中性线电流过大还会造成灯光亮度的波动（闪变），影响工作效益，导致供电系统功率损耗增加。

三、电力系统概述

（一）电力系统的组成

发电厂是将一次能源转换为电能的工厂。按照一次能源的不同，可分为火力发电厂、水力发电厂、核能发电厂、风能发电厂、太阳能发电厂等。

发电厂发出的电能通过变电所、配电所将其变化为适当的电压进行输送，以便减少线路输送损耗。变电所有升压变电所、降压变电所等。输送电能的电力线路有输电线路、配电线路。电能最后被送到用户处，用于动力、电热、照明等。

（二）对电力系统的要求

对电力系统的要求是其要具有可靠性和经济性。可靠性指故障少、维修方便。要做到经济性，可以采用经济运行的方式，如按照不同季节安排各种发电厂、适当调配负荷、提高设备利用率、减少备用设备等。

（三）电力系统的参数

电力系统的参数有电力系统电压、频率。目前我国电力系统电压等级有 220 V、380 V、3 kV、6 kV、10 kV、35 kV、220 kV、500 kV 等。我国电力系统的额定频率为 50 Hz。

（四）建筑物供电

建筑物的供电有直接供电或变压器供电两种方式。

1.直接供电用于负荷小于 100 kW 的建筑物。由电力部门通过公用变压器，直接以 220 V/380 V 供电。

2.对于规模较大的建筑物，电力部门以高压或中压电源，通过专用变电所降为低压供电。按照建筑物规模不同可以设置不同的变压器。如对于一般小型民用建筑，可以用 10 kV/0.4 kV 变压器；对于较大型民用建筑，可以设置多台变压器；而对于大型民用建筑用 35 kV/10 kV/0.4 kV 多台变压器。

（五）变、配电所类型

变电所有户外变电所、附属变电所、户内变电所、独立变电所、箱式变电所、杆台变电所等类型。

配电所有附属配电所、独立配电所和变配电所等类型。

四、电子信息系统概述

（一）电子信息系统定义及构成

电子信息系统是按照一定应用目的和规则对信息进行采集、加工、存储、传输、检索等处理的人机系统，由计算机、有（无）线通信设备、处理设备、控制设备及其相关的配套设备、设施（含网络）等的电子设备构成。

信息技术指信息的编制、储存和传输技术。

（二）信号的形式、参数及电平

1.信号形式

一般来说，信号有模拟信号和数字信号两种形式。

（1）模拟信号

模拟信号指信号幅值可以从0到其最大值连续随时变化的信号，如声音信号。

（2）数字信号

数字信号指信号幅值随时变化，但是只能为0或其最大值的信号，如数字计算机的信号。

因模拟信号的处理比较复杂，所以常将其转化为数字信号处理。

2.信号参数

信号参数有周期、频率、幅值等。

（1）周期

周期指信号重复变化的时间，单位为秒（s）。

（2）频率

频率指信号每秒变化的次数，单位为赫兹（Hz）。

（3）幅值

幅值指数字信号的变化值。

（4）位

数字信号的幅值变化一次称为位。

（5）传输速率

数字信号的传输速率单位为位/秒（bit/s）、千位/秒（kbit/s）、兆位/秒（Mbit/s）。

3.信号电平

分贝表示无线信号从前端到输出口，其功率变化很大。这样大的功率变化范围在表达上或运算时都很不方便，因此通常都采用分贝来表示。系统各点电平即为该点功率与标准参考功率比的分贝数，也叫"分贝比"。分贝用"dB"表示。

（1）分贝毫瓦（dBm）

规定1 mW的功率电平为0分贝，写成0 dBm或0 dBms。不同功率下的dBm值可进行简单换算。

（2）分贝毫伏（dBmV）

规定在75Ω阻抗上产生1 mV电压的功率作为标准参考功率，电平为0分贝，写成0 dBms

（3）分贝微伏（dBμV）

规定在75Ω阻抗上产生1 p电压的功率为标准参考功率。

（4）每米分贝微伏（dBV/m）

在表示信号电场强度（简称场强）大小时常用dBV/m，它指开路空间电位差，在每米1 μV时为0 dB。假设在城市中接收甚高频和特高频的电波场强为3.162 mV/m。

（5）功率通量密度

对于空间中的电波，人们感兴趣的是信号场强和功率通量密度。由于接收点离卫星或者广播电视发射塔很远，所以可以近似地把广播电视的电波看成平面电磁波。

（三）电子器件

电子器件有电子管和半导体等。目前常用的是半导体电子器件。

电子管是一种真空器件，它利用电场来控制电子流动。

半导体是利用电子或空穴的转移作用，产生漂移电流或扩散电流而导电的材料。它的导电功能是可以控制的。半导体有本征半导体和杂质半导体两种。

1.半导体器件

常用半导体器件有二极管、三极管、场效应管和晶闸管等。

（1）二极管

二极管是利用半导体器件的单向导电性能制成的器件。二极管一般用作整流器。

（2）三极管

三极管是利用半导体器件的放大性能制成的器件，它有三个极，分别为发射极、基极和集电极。三极管一般用作放大器。

（3）场效应管

场效应管是利用电场效应控制电流的半导体器件，又称为单极型晶体管。

（4）晶闸管

晶闸管是利用半导体器件的可控单向导电性能制成的器件。一般作为可控整流器。

2.集成电路

集成电路是用微电子技术制成的各种二极管、三极管等器件的集成器件，具有比较复杂的功能。集成电路按照器件类型可分为以下两类：

（1）双极型晶体管-晶体管逻辑电路（TTL）

由于该电路的输入和输出均为晶体管结构，所以称为晶体管-晶体管逻辑电路。

（2）单极型金属氧化物半导体

其简称单极型MOS，按照集成度可分为以下四类：小规模集成电路、中规模集成电路、大规模集成电路、超大规模集成电路。

按照功能可分为以下两类：

①集成运算放大器。其是采用集成电路的运算放大器，可以对微弱的信号放大。

②微处理器。其是具有中央处理器、存储器、输入/输出装置等功能的集成电路。

3.显示器件

常用显示器件有以下三种"

（1）半导体发光二极管

半导体发光二极管是一种将电能转换为光能的电致发光器件。

（2）等离子体显示器

等离子体显示器是用气体电离发生辉光放电的器件。

（3）液晶显示器

液晶显示器是利用液晶在电场、温度等变化作用下的电光效应的器件。

五、自动控制概述

（一）自动控制系统概念

自动控制系统是指应用自动化仪器仪表或自动控制装置代替人自动对仪器设备或工程生产过程进行控制，使之达到预期的状态或性能指标。对传统的工业生产过程采用动控制技术，可以有效提高产品的质量和企业的经济效益。对一些恶劣环境下的控制操作，自动控制显得尤其重要。在已知控制系统结构和参数的基础上，求取系统的各项性能指标，并找出这些性能指标与系统参数间的关系就是对自动控制系统的分析，而在给定对象特性的基础上，按照控制系统应具备的性能指标要求，寻求能够全面满足这些性能指标要求的控制方案并合理确定控制器的参数，则是对自动控制系统的分析和设计。

如温度自动控制系统通过将实际温度与期望温度的比较来进行调节控制，以使其差别很小。在自动控制系统中，外界影响包含室外空气温度、日照等室外负荷的变动及室内人员等室内负荷的变动。如果没有这些外界影响，只要一次把（执行器）阀门设定到最适当的开度，室内温度就会保持恒定。然而正是由外界影响引起负荷变动，为保持室温恒定就必须进行自动控制。当设定温度变更或有外界影响时，从变更变化之后调节动作执行到实际的室温变化开始，有一个延迟时间，这个时间称作滞后时间。而从室温开始变化到达设定温度所用时间称为时间常数。对于这样的系统，要求自动控制具有可控性和稳定性。可控性指尽快地达到目标值，稳定性指一旦达到目标值后，系统能长时间保持设定的状态。

（二）自动控制设备

自动控制设备有传感器、自动控制器和执行器等。

1.传感器

传感器是感知物理量变化的器件。物理量分为电量和非电量。电量如电压、电流、功率等。非电量如温度、压力、流量、湿度等。电量或非电量通过变送器变换成系统需要的电量。

2.自动控制器

自动控制器或调节器由误差检测器和放大器组成。自动控制器将检测出的通常功率很低的误差功率放大，因此，放大器是必需的。自动控制器的输出是供给功率设备，如气动执行器或调节阀门、液压执行器或电机。自动控制器把对象的输出实际值与要求值进行比较，确定误差，并产生一个使误差为零或微小值的控制信号。自动控制器产生控制信号的作用叫作控制，又叫作反馈控制。

3.执行器

执行器是根据自动控制器产生控制信号进行动作的设备，可以推动风门或阀门动作。执行器和阀门结合就成为调节阀。

（三）自动控制器的分类

1.按照工作原理分类

自动控制器按照其工作原理可分为模拟控制器和数字控制器两种。

①模拟控制器采用模拟计算技术，通过对连续物理量的运算产生控制信号，它的实时性较好。

②数字控制器采用数字计算技术，通过对数字量的运算产生控制信号。

2.按照基本控制作用分类

自动控制器按照基本控制作用可以分为定值控制、模糊控制、自适应控制、人工神经网络控制和程序控制等种类。

（1）定值控制

其目标值是固定的。自动控制器按定值控制作用可分为双位或继电器型控制（on/of，开关控制）、比例控制（P）、积分控制（I）、比例-积分控制（PI）、比例-微分控制（PD）、比例-积分-微分控制（PID）等。它们之间的区分如下：

①双位或继电器型。在双位控制系统中，许多情况下执行机构只有通和断两个固定位置。双位或继电器型控制器比较简单，价格也比较便宜，所以广泛应用于要求不高的控制系统中。

双位控制器一般是电气开关或电磁阀。它的被调量在一定范围内波动。

②比例控制。采用比例控制作用的控制器，输出与误差信号是正比关系。它的系数叫作比例灵敏度或增益。

无论是哪一种实际的机构，也无论操纵功率是什么形式，比例控制器实质上是一种具有可调增益的放大器。

③积分控制。采用积分控制作用的控制器，其输出值是随误差信号的积分时间常数而成比例变化的。它适用于动态特性较好的对象（有自平衡能力、惯性和迟延都很小）。

④比例-积分控制。比例-积分控制的作用是由比例灵敏度或增益和积分时间常数来定义的。积分时间常数只调节积分控制作用，而比例灵敏度值的变化同时影响控制作用的比例部分和积分部分。积分时间常数的倒数叫作复位速率，复位速率是每秒钟的控制作用较比例部分增加的倍数，并且用每秒钟增加的倍数来衡量。

⑤比例-微分控制。比例-微分控制的作用是由比例灵敏度、微分时间常数来定义的。比例-微分控制有时也称为速率控制，它是控制器输出值中与误差信号变化的速率成正比的那部分。微分时间常数是速率控制作用超前于比例控制作用的时间间隔。微分作用有预测性，它能减少被调量的动态偏差。

⑥比例-积分-微分控制。比例控制作用、积分控制作用、微分控制作用的组合叫比例-积分-微分控制作用。这种组合作用具有三个单独的控制作用。它由比例灵敏度、积分时间常数和微分时间常数定义。

（2）模糊控制

模糊控制是一种基于模糊数学的高级智能控制技术，是控制理论中的一种高级策略和新颖技术，也是一种高级智能控制技术。

在传统的控制领域中，控制系统动态模式的精确与否是影响控制优劣的关键因素，系统动态的信息越详细，越能达到精确控制的目的。然而，对于复杂的系统，由于变量太多，往往越难以正确地描述系统的动态，于是工程师便利用各种方法来简化系统动态，以达到控制的目的，但效果却不尽理想。换言之，传统的控制理论对于明确系统有强有力的控制能力，对于过于复杂或难以精确描述的系统则显得无能为力。因此，人们开始尝试以模糊数学来处理这些控制问题。

（3）自适应控制

在日常生活中，所谓自适应是指生物能改变自己的习性以适应新环境的一种特征。因此，直观地讲，自适应控制器应当是这样一种控制器，即能修正自己的特性以适应对象和扰动的动态特性的变化，它是一种随动控制方式。自适应控制的研究对象是具有一定程度不确定性的系统。这里所谓的不确定性，是指描述被控对象及其环境的数学模型不是完全确定的，其中包含一些未知因素和随机因素。

（4）人工神经网络控制

人工神经网络控制是采用平行分布处理、非线性映射等技术，通过训练进行学习，能够适应与集成的控制系统。

（5）程序控制

程序控制是按照时间规律运行的控制系统。

3.按照控制变量数目分类

自动控制按照控制变量的数目可分为单变量控制和多变量控制。单变量控制的输入变量只有一个；多变量控制则有多个输入变量。

4.按照动力种类分类

自动控制器按照在工作时供给的动力种类，可分为气动控制器、液压控制器和电动控制器。也可以几种动力组合，如电动-液压控制器、电动-气动控制器。多数自动控制器应用电或液压流体（如油或空气）作为能源。采用何种控制器，必须由对象的安全性、成本、利用率、可靠性、准确性、质量和尺寸大小等因素来决定。

（四）数字控制系统

1.数字控制系统的定义

数字控制系统是一种利用数字化信息对机床运动及加工过程进行控制的自动化技术。它的核心是数控装置，该装置能够根据预先编制的程序，自动地对机床的各个运动部件进行精确控制，以实现零件的加工，数字控制系统简称数控系统。在数字控制系统中通常配备专用的电子计算机，反映加工工艺和操作步骤的加工信息用数字代码预先记录在穿孔带、穿孔卡、磁带或磁盘上。系统在工作时，读数机构依次将代码送入计算机并转换成相应形式的电脉冲，用以控制工作机械按照顺序完成各项加工过程。数字控制系统的加工精度和加工效率都较高，特别适合于工艺复杂的单件或小批量生产。它广泛用于工具制造、机械加工、汽车制造和造船工业等。

2.数字控制系统的组成

数字控制系统由信息载体、数控装置、伺服系统和受控设备组成。信息载体采用纸带、磁带、磁卡或磁盘等，用以存放加工参数、动作顺序、行程和速度等加工信息。数控装置又称插补器，根据输入的加工信息发出脉冲序列。每一个脉冲代表一个位移增量。插补器实际上是一台功能简单的专用计算机，也可直接采用微型计算机。插补器输出的增量脉冲作用于相应的驱动机械或系统用于控制工作台或刀具的运动。如果采用步进电机作为驱动机械，则数字控制系统为开环控制。对于精密机床，需要采用闭环控制的方式，以伺服系统为驱动系统。

3.数字控制系统的优势

①能够达到较高的精度，能进行复杂的运算。

②通用性较好，要改变控制器的运算，只要改变程序就可以。

③可以进行多变量的控制、最优控制和自适应控制。

④具有自动诊断功能，有故障时能及时发现和处理。

4.数字控制系统的发展

早期多采用固定接线的硬线数控系统，用一台专用计算机控制一台设备。后来采用微型计算机代替专用计算机，编制不同的程序软件实现不同类型的控制，可增强系统的控制功能和灵活性，称为计算机数控系统（CNC）或软线数控系统。后来又发展成为用一台计算机直接管理和控制一群数控设备，称为计算机群控系统或直接数控系统（DNC）。又进一步发展成由多台计算机数控系统与数字控制设备和直接数控系统组成的网络，实现多级控制。到了20世纪80年代则发展成将一群机床与工件、刀具、夹具和加工自动传输线相配合，由计算机统一管理和控制，构成计算机群控自动线，称为柔性制造系统（FMS）。

数字控制系统的更高阶段是向机械制造工业设计和制造一体化发展，将计算机辅助设计（CAD）与计算机辅助制造（CAM）结合起来，实现产品设计与制造过程的完整自动化系统。

（五）现场总线

现场总线是近年来迅速发展起来的一种工业数据总线，它主要解决工业现场的智能化仪器仪表、控制器、执行机构等现场设备间的数字通信，以及这些现场控制设备和高级控制系统之间的信息传递问题。由于现场总线简单、可靠、经济实用等一系列突出的优点，因而受到了许多标准团体和计算机厂商的高度重视。

它是一种工业数据总线，是自动化领域中底层数据通信网络。简单地说，现场总线就是以数字通信替代了传统4～20 mA模拟信号及普通开关量信号的传输，是连接智能现场设备和自动化系统的全数字、双向、多站的通信系统。

1.现场总线的特点

（1）系统的开放性

传统的控制系统是个自我封闭的系统，一般只能通过工作站的串口或并口对外通信。在现场总线技术中，用户可按自己的需要和对象，将来自不同供应商的产品组成大小随意的系统。

（2）可操作性与可靠性

现场总线在选用相同的通信协议情况下，只要选择合适的总线网卡、插口与适配器即可实现互联设备间、系统间的信息传输与沟通，大大减少接线与查线的工作量，有效提高控制的可靠性。

（3）现场设备的智能化与功能自治性

传统数控机床的信号传递是模拟信号的单向传递，信号在传递过程中产生的误差较大，系统难以迅速判断故障原因，只能带故障运行。而现场总线中采用双向数字通信，将传感测量、补偿计算、工程量处理与控制等功能分散到现场设备中完成，可随时诊断设备的运行状态。

（4）对现场环境的适应性

现场总线是作为适应现场环境工作而设计的，可支持双绞线、同轴电缆、光缆、射频、红外线及电力线等，其具有较强的抗干扰能力，能采用两线制实现送电与通信，并可满足安全及防爆要求等。

2.现场总线控制系统的组成

它的软件是系统的重要组成部分，控制系统的软件有组态软件、维护软件、仿真软件、设备软件和监控软件等。选择开发组态软件、控制操作人机接口软件。通过组态软件，完成功能块之间的连接，选定功能块参数，进行网络组态。

在网络运行过程中对系统实时采集数据，进行数据处理、计算。

（1）现场总线的测量系统

其特点是，多变量高性能测量，使测量仪表具有计算能力等更多功能，由于采用数字信号，具有高分辨率，准确性高，抗干扰、抗畸变能力强，同时还具有仪表设备的状态信息，可以对处理过程进行调整。

（2）设备管理系统

可以提供设备自身及过程的诊断信息、管理信息、设备运行状态信息（包括智能仪表）、厂商提供的设备制造信息。

（3）总线系统计算机服务模式

客户机/服务器模式是较为流行的网络计算机服务模式。服务器表示数据源（提供者），应用客户机则表示数据使用者，它从数据源获取数据，并进一步进行处理。客户机运行在个人计算机或工作站上。服务器运行在小型机或大型机上，它使用双方的智能、资源、数据来完成任务。

（4）数据库

它能有组织地、动态地存储大量有关数据与应用程序，实现数据的充分共享、交叉访问，具有高度独立性。工业设备在运行过程中参数连续变化，数据量大，操作与控制的实时性要求很高。因此，就形成了一个可以互访操作的分布关系及实时性的数据库系统，市面上成熟的供选用的如关系数据库中的Oracle、Sybase、Informix、SQL Server，实时数据库中的Infoplus、PI、ONSPEC等。

（5）网络系统的硬件与软件

网络系统硬件有系统管理主机、服务器、网关、协议变换器、集线器、用户计算机及底层智能化仪表。网络系统软件有网络操作软件，如NetWarc、LAN Mangger、Vines；服务器操作软件如Lenix、OS/2、Window NT、应用软件数据库、通信协议、网络管理协议等。

六、建筑工程的类型

建筑物由于用途、规模不同，所需要的功能系统也不同。

（一）按照用途分类

建筑物按照用途可分为民用建筑和工业建筑。

1.民用建筑

（1）办公建筑

办公建筑包含商务办公建筑、行政办公建筑、金融办公建筑等，又可分为专用办公建筑和出租办公建筑。专用办公建筑指行政办公建筑、公司办公建筑、企业办公建筑、金融办公建筑；出租办公建筑指业主租给各种公司办公用的商务办公建筑。办公建筑主要提供完善的办公自动化服务、各种通信服务并保证有良好的环境。

（2）商业建筑

商业建筑包含商场、宾馆等。随着旅游业务国际化的到来，人们对旅游建筑也提出多功能、高服务质量、高效率、安全性增强等要求。智能旅游建筑则要求有多种用于提高其舒适度、安全性、信息服务能力、效率等的设施。商业建筑主要提供商业和旅游业务处理及安全保卫、设备管理等功能。

（3）文化建筑

文化建筑指图书馆、博物馆、会展中心、档案馆等。文化建筑主要提供各种业务处理和安全保卫、设备管理等功能。

（4）媒体建筑

媒体建筑包含剧（影）院、广播电视业务建筑等。

（5）体育建筑

体育建筑包含体育场、体育馆、游泳馆等。

（6）医院建筑

医院建筑主要是指提供医疗服务的各类建筑，并应实现医疗网络化的信息系统建设。综合医疗信息系统可用于医疗咨询、远程诊断、病历管理、药品管理等。

（7）学校建筑

学校建筑包含普通高等学校和高等职业院校、高级中学和高级职业中学、初级中学和小学、托儿所和幼儿园等开展教学的相关建筑。

（8）交通建筑

交通建筑包含空港航站楼、铁路客运站、城市公共轨道交通站、社会停车库（场）等。

（9）住宅建筑

住宅建筑包含住宅和居住小区。住宅是供家庭使用的建筑物，又称居住建筑。住宅形式多种多样，有低层住宅、多层住宅、小高层住宅、高层住宅、别墅、家居办公（SOHO）、排屋等。居住小区或住区是由多栋住宅组成的小区。其中住区包含道路、园林、休闲设施、商业、教育设施等。

2.工业建筑

①专用工业建筑指发电厂、化工厂、制药厂、汽车厂等生产某种产品的工业建筑。

②通用工业建筑指一般的机械、电器装配厂。

（二）按照规模分类

建筑工程按照规模大小可分为大型、中型和小型建筑。

1.大型建筑工程：指面积在 20 000 m^2 以上的建筑。

2.中型建筑工程：指面积为 5000 ～ 20 000 m^2 的建筑。

3.小型建筑工程：指面积为 50 m^2 以下的建筑物。

（三）按照高度分类

建筑物按照高度可分为低层、多层、中高层、高层建筑。

1.1 ～ 3 层为低层建筑。

2.4 ～ 6 层建筑为多层建筑。

3.7 ～ 9 层建筑为中高层建筑。

4.10 层以上建筑为高层建筑。

七、智能建筑概念

（一）智能建筑的特点

智能建筑的特点是具有多种内部及外部信息交换能力，能对建筑物内机械、电气设备进行集中自动控制及综合管理，能方便处理各种事务，具有舒适的环境和易于改变的空间。

1.具有良好的信息通信能力，提高了工作效率。智能建筑通过建筑内外四通八达的电话、电视、计算机局域网、因特网等现代通信手段和各种基于网络的业务办公自动化系统，为人们提供了一个高效便捷的工作、学习和生活环境。

2.提高了建筑物的安全性，如对火灾及其他自然灾害、非法入侵等可及时发出警报并自动采取措施排除及制止灾害蔓延。智能建筑确保了人、财、物的高度安全，具有对灾害和突发事件的快速反应能力。

3.具有良好的节能效果。通过对建筑物内空调、给排水、照明等设备的控制，不但提供了舒适的环境，还有显著的节能效果。建筑物空调与照明系统的能耗很大，约占总能耗的70%。在满足使用者对环境要求的前提下，智能建筑应通过其智能，尽可能利用日光和大气能量来调节室内环境，最大限度地减少能源消耗。按事先在日历上确定的程序，区分"工作时间"与"非工作时间"，对室内环境实施不同标准的自动控制，下班后自动降低室内照度与温度、湿度控制标准，已成为智能建筑的基本功能。利用空调与控制等行业的最新技术最大限度地节省能源是智能建筑的主要特点之一，它的经济性也是智能建筑得以迅速推广的重要原因。

4.采用信息技术改进建筑物的管理，为用户提供优质服务。智能建筑提供室内适宜的温度、湿度和新风，以及多媒体音像系统、装饰照明、公共环境背景音乐等，可大大提高人们的工作、学习和生活质量。

（二）智能建筑的构成

1.通信自动化系统

通信自动化系统是在保证建筑物内语音、数据、图像传输的基础上，同时与外部通信网（如电话网、计算机网、数据网、卫星及广电网）相连，与世界各地互通信息的系统。通信自动化系统主要由程控数字用户交换机网和有线电视网两大网构成。通信自动化系统按功能划分为以下八个子系统：

①固定电话通信系统。

②声讯服务通信系统（语音信箱和语音应答系统）。

③无线通信系统，具备选择呼叫和群呼功能。

④卫星通信系统，楼顶安装卫星收发天线和VAST通信系统，与外部构成语音和数据通道，实现远距离通信的目的。

⑤多媒体通信系统。

⑥视讯服务系统。

⑦有线电视系统。

⑧计算机通信网络系统。

2.建筑自动化系统

建筑自动化系统或建筑设备管理系统采用现代传感技术、计算机技术和通信技术，对建筑物内所有机电设施进行自动控制。建筑自动化系统可控制的机电设施包括变配电、给水、排水、空气调节、采暖、通风、运输等，还包括公共安全、火灾自动报警等，用计算机实行全自动综合监控管理。建筑自动化系统一般包含以下子系统：

（1）环境控制管理子系统

该系统主要对建筑物设备进行检测、控制和管理，保证建筑物有良好的环境，同时节能。控制管理的设备有变配电及自备电源、电力、照明、空调通风、给排水、运输设备。

（2）防灾与保安子系统

①火灾自动报警与消防联动控制系统。其提供火灾监测告警、定位、隔离、通风、排烟灭火等功能。

②安全防范系统，也称为公共安全系统。其是为维护公共安全，综合运用现代科学技术，以应对危害社会安全的各类突发事件而构建的技术防范系统或保障体系。该系统的功能是防止非法入侵、窃取，保护人身和财物。可以配置视频监视、出入口控制、身份识别、防盗防抢、保巡查、保安对讲系统。其他还有结构及地震监视与报警、煤气警、水灾报警等功能。

3.结构化综合布线系统

结构化综合布线系统（SCS）又称综合布线系统，是建筑物或建筑群内部之间的传输网络。它把建筑物内部的语音交换、智能数据处理设备及其广义的数据通信设施相互连接起来，并采用必要的设备同建筑物外部数据网络或电话局线路相连接。该系统包括所有建筑物与建筑群内部用以连接以上设备的电缆和相关的布线器件。

第二节　建筑电气工程设计基础

一、建筑电气设计要求与组成

（一）设计要求

建筑电气设计一般分为方案设计、初步设计和施工图设计三个阶段。对于技术要求相对简单的民用建筑工程，经有关部门同意，且合同中没有做初步设计的约定，可在方案设计审批后直接进入施工图设计。这是因为民用建筑工程的方案设计文件用于办理工程建设的有关手续，施工图设计文件用于施工，都是必不可少的；初步设计文件用于审批（包括政府主管部门和/或建设单位对初步设计文件的审批）。若无审批要求，初步设计文件就没有出图的必要。因此，对于无审批要求的建筑工程，经有关部门同意，且合同中有不做初步设计的约定，可在方案设计审批后直接进入施工图设计。

建筑电气设计包括以往通称的"强电""弱电"设计内容，也包括"建筑智能化系统"的设计内容。我国实行的"建筑电气注册工程师"制度无"强电""弱电"之分，故统称为建筑电气。建筑电气设计的具体要求见表1-1。

表1-1　建筑电气设计的具体要求

项目	内容
要求一	必须先了解建设单位的需求和提供的设计资料，必要时还要了解电气设备的使用情况。完工后的建筑工程是以交付建设单位使用、满足建设单位的使用需要为最根本目的的。当然，不能盲目地去满足建设单位的使用需要，而要在客观条件许可之下适当地去实现。因此，在设计中应进行多方案的比较，选出技术、经济合理的方案，加以设计和施工
要求二	设计是用图样表达的产品，尚须由施工单位去建设工程实体。因此，设计方案能否满足施工是一个很重要的问题，否则只是"纸上谈兵"而已。一般来说，设计者应掌握电气施工工艺，了解各种安装过程，以使图样能够有指导作用
要求三	电气装置使用的能源和信息来自市政设施的不同系统。因此，在开始进行方案设计构想时，应考虑到能源和信息输入的可能性及具体措施。与之相关的设施就是供电网络、通信网络和消防报警网络等，相应地，就要和供电、电信和消防等部门进行业务联系
要求四	"安全用电"在建筑设计中是个特别重要的问题。因此，在设计中考虑多种安全用电设施是非常必要的，同时还要保证建筑电气设计的内容完全符合电气的规程、规定。在这方面，当地供电、电信和消防等部门不但是能源和信息的供应单位，还是"安全用电"和"防火报警"的管理部门。建筑电气设计的关键是经过这些部门的审查后，方能施工与验收
要求五	建筑电气是建筑工程重要的一部分，与其本体不可分割，而且与其他"系统"纵横交错、息息相关。一栋具备完善功能的建筑物，应该是集土建、水、暖、电等系统组成的统一体。建筑电气的设计必须与建筑协调一致，按照建筑物格局进行布置，同时要不影响结构的安全，在结构安全的许可范围内"穿墙越户"。建筑电气设备与建筑设备"争夺地盘"的矛盾特别多。因此，要与设备专业协调"划分地盘"。如在走廊内敷设干线、干管时，设计中应先约定电气线槽与设备干管各沿走廊的一侧敷设，并协商好相互跨越时的高度

总之，各专业在设计中要协调好，认真进行专业间的校对，否则易造成返工和损失建筑功能。

（二）设计组成

1.利用电工学和电子学的理论与技术，在建筑物内部人为创造并保持合理的环境，以充分发挥建筑物功能的一切电工设备、电子设备和系统，称为建筑电气设备。而建筑电气设备从广义上讲包括工业与民用建筑电气设备两方面。概括地说，建筑电气设计的内容可以分为两大部分，见表1-2。

表1-2　建筑电气设计的内容

项目	内容
照明与动力（"强电"系统）	照明与动力包括照明、供配电、建筑设备控制、防雷、接地等设备。这部分中照明、供配电、防雷、接地是传统的设计内容。随着建筑现代化程度的提高及建筑向高空发展，建筑设备的控制要求越来越高，因此控制内容也越来越复杂
通信与自动控制（"弱电"系统）	此部分含有电话、广播、电视、空调自控、计算机网络、火灾报警与消防联动、机电设备自控等系统。其中，电话、广播、电视是传统的设计内容，计算机网络及各种自动控制系统等属于新增的内容。它们是体现建筑现代化的重要组成部分，尤其是高层建筑所必不可少的装备

一般来说，建筑物是"百年大计"，其中的电气设备不可能考虑在百年，但也应该在相当长一段时间内能适应建筑功能的需要，并保证以后能在不影响建筑物结构安全和不大量损坏建筑装修的情况下，改造或增加电气设施。

2.为了能让读者对建筑电气设计、施工及验收中的"强电"和"弱电"有全面的认识，它们所包含的系统和各系统所包括的内容见表1-3和表1-4。

表1-3 强电系统施工及验收项目

项目		内容
强电系统	室外电气	架空线路及杆上电气设备安装，变压器、箱式变电所安装，成套配电柜（箱）和动力、照明配电箱（盘）及控制柜（屏、台）安装，电线、电缆导管和线缆敷设，电线、电缆穿管和线槽敷线，电缆头制作、导线连接和线路电气试验，建筑物外部装饰灯具、航空障碍灯和庭院路灯安装，建筑照明通电试运行，接地装置安装
	变配电所	变压器、箱式变电所安装，成套配电柜（箱）和动力、照明配电箱及控制柜（屏、台）安装，裸母线、封闭母线、插接式母线安装，电缆沟内和电缆竖井内电缆敷设，导线连接和线路电气试验，接地装置安装，避雷引下线和变配电室接地干线敷设
	电气动力	成套配电柜（箱）和动力、照明配电箱（盘）及控制柜（屏、台）安装，电动机、电加热器及电动执行机构检查、接线，低压电气动力设备检测、试验和空载运行，桥架安装和桥架内电缆敷设，电线、电缆导管和线槽敷设，电线、电缆穿管和线槽敷线，电缆头制作、导线连接和线路电气试验，插座、开关、风扇安装
	备用电源和不间断电源安装	成套配电柜（箱）和动力、照明配电箱（盘）及控制柜（屏、台）安装，柴油发电机组安装，蓄电池组安装，不间断电源的其他功能单元安装，裸母线、封闭母线、插接式母线安装，电线、电缆导管和线槽敷设，电缆头制作、导线连接和线路电气试验
	防雷和接地安装	接地装置安装，防雷引下线和变配电室接地干线敷设，建筑物等电位连接，接闪器安装

表1-4 弱电系统施工及验收项目

项目		内容
弱电系统	建筑物设备自动化系统	暖通空调及冷热源监控系统安装，供配电、照明、动力及备用电源监控系统安装，卫生、给水排水、污水监控系统安装，其他建筑设备监控系统安装
	火灾报警与消防联动系统	火灾自动报警系统安装，防火排烟设备联动控制系统安装，气体灭火设备联动控制系统安装，消防专用通信系统安装，事故广播系统、应急照明系统安装，安全门、防火门或防火水幕控制系统安装，电源和接地系统调试
	建筑物保安监控系统	闭路电视监控系统、防盗报警系统、保安门禁系统、巡查监控系统安装，线路敷设，电源和接地系统调试

（续表）

项　目		内　容
	建筑物通信自动化系统	电话通信和语音留言系统、卫星通信和有线电视广播系统、计算机网络和多媒体系统、大屏幕显示系统安装，线路敷设，电源和接地系统安装，系统调试
	建筑物办公自动化系统	电视电话会议系统、语音远程会议系统、电子邮件系统、计算机网络安装，线路敷设，电源和接地系统安装，系统调试
	广播音响系统	公共广播和背景音乐系统及音响设备安装，线路敷设，电源和接地系统安装，系统调试
	综合布线系统	信息插座、插座盒、适配器安装，跳线架、双绞线、光纤安装和敷设，大对数电缆馈线、光缆安装和敷设，管道、直埋铜缆或光缆敷设，防雷、浪涌电压装置安装，系统调试

二、建筑电气设计的原则

（一）安全

由于电使用的广泛性及隐蔽性，再加上电反应的瞬时性及结构上的逐级联网性，使得"安全用电"应放在首位，而且要从生命、设备、系统、工厂及建筑等方面，在设计阶段予以充分、全面的考虑。

电气安全包含三个方面的内容，见表1-5。

表1-5　电气安全包含的内容

项　目	内　容
人身安全	生命是最宝贵的财富。电气工程设计中人的安全包括操作、维护人员的安全及使用电的人的安全。前者一般具备电的专业知识，而后者不一定具备电的专业知识，甚至不了解电的基本常识
供电系统、供电设备自身的安全	供电系统的正常运行是工业正常生产、楼宇正常运行的前提，而各种消防、安保等安全设施的工作运行，也是以电能正常供应为先决条件的
保证供电和用电的设备、装置、楼宇及建筑的安全	特别是防止由电气事故引发的电气性火灾。一旦发生火灾需要控制，并使其在尽可能小的区域内时，应尽早发现、及时地排除。当前建筑的失火多因电气而致

（二）可靠

供电电源的可靠即供电的不间断性，亦即供电的连续性。根据对不间断供电要求的严格性，供电负荷可分为三类，见表1-6。

表1-6　供电负荷

项　目	内　　容
一级负荷	需两个独立电源供电，特殊情况时增加自备发电设备
二级负荷	有一个备用电源
三级负荷	供电无特殊要求

（三）合理

1.符合要求

设计必须贯彻执行国家有关的政策和法令，要符合现行国家、行业、地方、部门的各种规程、规范及要求。

2.符合国情

设计要满足使用要求，也要符合建设方的经济实力，同时还要考虑管理及运行、维护及修理、扩充及发展的需要。

（四）先进

1.要杜绝使用落后、淘汰的设备，并要在经济合理的前提下，面向未来发展，采用切实可行、经国家认定成熟的先进技术。

2.未经认定可靠的技术是不能在一般工程上试用的。在投资费用与技术先进的矛盾中，注意防止片面强调节约投资的趋向。

3.充分为未来发展考虑，兼顾运行维护，预计增容扩建。

（1）运行检验设计质量。设计时要充分考虑到正常运行时的维护管理、操作使用、故障排除、安装测试及吊装通道等问题。正式运行后才能综合反映、客观检验整体设计质量。

（2）要预计五年内发展的配电路数和容量，留出位置及空间。

（五）实用

1.节能降耗

节能降耗是工程设计各专业中与电专业联系最为密切的。这一工作必须贯穿整个设计，从电器设备选型到系统构成的各个阶段。同时还要全面考虑降低物耗、保护环境、综合利用、防止重复建设等方面。

2.符合实际要求

消防、安保、通信、闭路电视、规划、环保各方面都有各种具体实际的要求，设计时必须综合、全面考虑。

三、建筑电气设计所需资料

（一）技术资料

1.自然资料

①工程建设项目所在地的海拔、地震烈度、环境温度、最大温差。

②工程建设项目所在地的最大冻土深度。

③工程建设项目所在地的夏季气压、气温（月平均最高、最低）。

④工程建设项目所在地区的地形、地物情况（如相邻建筑物的高度）、气象条件（如雷暴日）和地质条件（如土层电阻率）。

⑤工程建设项目所在地的相对温度（月平均最冷、最热）。

2.电源现状

①工程建设项目所在地电气主管部门的规划和设计规定。

②市政供电电源的电压等级、回路数及距离。

③供电电源的可靠性。

④供电系统的短路容量。

⑤供电电源的进线方式、位置、标高。

⑥供电电源质量。

⑦电源计费情况。

3.电信线路现状

①工程建设项目所在地电信主管部门的规划和设计规定。

②市政电信线路与工程建设项目的接口地点。

③市政电话引入线的方式、位置、标高。

4.有线电视现状

①市政建设项目所在地有线电视主管部门的规划和设计规定。

②市政有线电视线路与工程建设项目的接口地点。

③市政有线电视引入线的方式、位置、标高。

（二）工具性资料

常用工具性资料主要包括设计手册、标准图、常用综合图集、常用资料集等。

第二章　建筑电气智能化

第一节　安全技术防范

一、概述

（一）设防区域及部位

1.周界，宜包括建筑物、建筑群外层周界、楼外广场、建筑物周边外墙、建筑物地面层、建筑物顶层等。

2.出入口，宜包括建筑物、建筑群周界出入口、建筑物地面层出入口、办公室门、建筑物内和楼群间通道出入口、安全出口、疏散出口、停车库（场）出入口等。

3.通道，宜包括周界内主要通道、门厅（大堂）、楼内各楼层内部通道、各楼层电梯厅、自动扶梯口等。

4.公共区域，宜包括会客厅、商务中心、购物中心、会议厅、酒吧、咖啡厅、功能转换层、避难层、停车库（场）等。

5.重要部位，宜包括重要工作室、重要厨房、财务出纳室、集中收款处、建筑设备监控中心、信息机房、重要物品库房、监控中心、管理中心等。

（二）系统构成

1.安全防范系统一般由安全管理系统和若干个相关子系统组成。

2.安全防范系统的结构模式按其规模大小、复杂程度可有多种构建模式。按照系统集成度的高低，安全防范系统分为集成式、组合式、分散式三种类型。

3.各相关子系统的基本配置，包括前端、传输、信息处理/控制/管理、显示/

记录四大单元。不同（功能）的子系统，其各单元的具体内容有所不同。

4. 现阶段较常用的子系统主要包括入侵报警系统、视频安防监控系统、出入口控制系统、电子巡查系统、停车库（场）管理系统及以防爆安全检查系统为代表的特殊子系统等。

（三）系统构建方式

1. 集成式安全防范系统

①系统应设置在禁区内（监控中心）。应能通过统一的通信平台和管理软件将监控中心设备与各子系统设备联网，实现由监控中心对各子系统的自动化管理与监控。安全管理系统的故障应不影响各子系统的运行，某一子系统的故障应不影响其他子系统的运行。

②应能对各子系统的运行状态进行监测和控制，应能对系统运行状况与报警信息数据等进行记录和显示。应设置足够容量的数据库。

③应建立以有线传输为主、无线传输为辅的信息传输系统。应能对信息传输系统进行检验，并能与所有重要部位进行有线和/或无线通信联络。

④应设置紧急报警装置。应留有向接处警中心联网的通信接口。

⑤应留有多个数据输入、输出接口，应能连接各子系统的主机，应能连接上位管理计算机，以实现更大规模的系统集成。

2. 组合式安全防范系统

①系统应设置在禁区内（监控中心）。应能通过统一的管理软件实现监控中心对各子系统的联动管理与控制。安全管理系统的故障应不影响各子系统的运行；某一子系统的故障应不影响其他子系统的运行。

②应能对各子系统的运行状态进行监测和控制，应能对系统运行状况和报警信息数据等进行记录和显示。可设置必要的数据库。

③应能对信息传输系统进行检验，并能与所有重要部位进行有线和/或无线通信联络。

④应设置紧急报警装置。应留有向接处警中心联网的通信接口。

⑤应留有多个数据输入、输出接口，应能连接各子系统的主机。

3. 分散式安全防范系统

①相关子系统独立设置，独立运行。系统主机应设置在禁区内（值班室），

系统应设置联动接口，以实现与其他子系统的联动。

②各子系统应能单独对其运行状态进行监测和控制，并能提供可靠的监测数据和管理所需要的报警信息。

③各子系统应能对其运行状况和重要报警信息进行记录，并能向管理部门提供决策所需的主要信息。

④应设置紧急报警装置，应留有向接处警中心报警的通信接口。

二、入侵报警

入侵报警系统是指利用传感器技术和电子信息技术监测并报告非法进入或试图非法进入设防区域（包括主观判断面临被劫持或遭抢劫或其他危急情况时，故意触发紧急报警装置）的行为、处理报警信息、发出报警信息的电子系统或网络。

（一）基本组成

1.入侵报警系统通常由前端设备（包括探测器和紧急报警装置）、传输设备、处理/控制/管理设备和显示/记录设备部分构成。

2.前端探测部分由各种探测器组成，是入侵报警系统的触觉部分，相当于人的眼睛、鼻子、耳朵、皮肤等，感知现场的温度、湿度、气味、能量等各种物理量的变化，并将其按照一定的规律转换成适于传输的电信号。

3.操作控制部分主要是报警控制器。

4.监控中心负责接收、处理各子系统发来的报警信息、状态信息等，并将处理后的报警信息、监控指令分别发往报警接收中心和相关子系统。

（二）前端探测器

1.典型探测器原理

①磁控开关安于门、窗与框两者上的磁铁和干簧管（封装于充惰性气体玻管内的磁性金属簧片的触点对）组成，也有以电磁方式替代，俗称窗磁、门磁。

②位置开关几何位移产生机械推力使微动触点对产生通、断。

③遮断探测发射器发出可见光、激光、声波、微波、红外光束，正常时被接收器接收，异常时被异物遮挡，接收信号减弱、变化或消失。因本身产生探测能量，属主动式红外探测。

④被动红外探测人的体表温度使其向外辐射 10 μm 左右波长红外光波，探测器接收此能量产生信号，又称热感式。

⑤多普勒探测布防中的微波、超声波场中物体的移动使接收器接收的频率发生变化——多普勒效应，触发信号。

⑥压电探测具压电效应的材料能把施于其上的压力的变化转换成压/电的变化，或者进行电/压转换，此原理又称为霍尔效应。

⑦玻璃破碎探测贴于玻璃隐秘处的超声传感器，接收玻璃破碎特有的声响，以计算机软件识别技术辨识其真伪，做出报警与否的处理。

⑧由视频移动探测视野内物体移动引起摄像机摄取的视频信号对比度发生变化，通过设定时间间隔内图像间的对比，判断正常/异常。

⑨电磁场探测平行并列或泄漏感应的电缆的空间电磁场分布受到场中入侵物干扰而改变，以触发警报。

⑩驻极体振动探测充电而带电的驻极体间介以电介质构成"驻极体话筒"，机械振动或受压会改变产生于驻极体上的电压信号，故又称此探测电缆为"麦克风电缆"。

⑪光纤探测发射器发出红外光沿细、软、便于隐蔽的光纤传送到接收器，光纤破坏便使探测器感知。

⑫由接近探测通过接近被保护对象的近距离异物（几厘米至几十厘米）引起的电磁振荡、电容量变化、光线强度变化来感应探测，分别为电磁式、电容式和光电式。后者又俗称为"侦光式"。

⑬脉动回波探测超声波发射后在空间多次反射形成均匀分布的立体场，运动物体进入将破坏这一相对的稳定，带来原立体场的空间波腹、波节点分布的改变可反应探测。

2.探测器选用

探测器选用见表2-1。

表2-1 探测器选用

警戒范围	名称	适应场所	主要特点	适宜工作环境	不适宜工作环境	宜选含如下技术器材
点	磁开关入侵探测器	各种门、窗、抽屉等	体积小，可靠性好	非强磁场存在情况；门窗缝不能过大	强磁场存在环境；门窗缝隙过大的建筑物	在铁制门窗使用时，宜选用铁制门窗专用磁开关
线	主动红外入侵探测器	室内、室外（一般室内机不能用于室外）	红外线，便于隐蔽	室内周界控制；室外"静态"干燥气候	室外恶劣气候；收发机视线内有可能遮挡物	双光束或四光束鉴别技术
线	遮挡式微波探测器	室内、室外周界控制	受气候影响较小	无高频电磁场存在场所；收发机间不能有可能遮挡物	收发机间有可能遮挡物；高频电磁波（微波频段）存在场所	报警控制器宜加智能鉴别技术
线	振动电缆探测器	室内、室外均可	可与室内外各种实体周界配合使用	非嘈杂振动环境	嘈杂振动环境	报警控制器宜加智能鉴别技术
线	泄漏电缆探测器	室内、室外均可	可随地形变化化埋设	两探测电缆间无活动物体；无高频电磁场存在场所	高频电磁场干扰环境	报警探测器守加智能鉴别技术
面	电动式振动探测器	室内、室外均可，主要用于地面控制	灵敏度高；被动式	远离振源	地质板结的冻土地或土质松软的泥土地	所选用报警控制器须有信号比较和鉴别技术
面	压式振动探测器	室内、室外均可；多用于墙壁或天花板上	被动式	远离振源	时常引起振动或环境过于嘈杂的场所	智能鉴别技术
面	声波-振动式玻璃破碎双鉴器	室内；用于各种可能产生玻璃破碎场所	与单技术玻璃破碎探测器比，误报少	日常环境噪声	环境过于嘈杂的场所	双-单转换型；智能鉴别技术

（续表）

警戒范围	名称	适应场所	主要特点	适宜工作环境	不适宜工作环境	宜选含如下技术器材
体	被动红外入侵探测器	室内空间型：有吸顶式、壁挂式、楼道式、幕帘式等	被动式（多台交叉使用互不干扰），功耗低，可靠性较好	日常环境噪声；温度在15～25℃时探测效果最佳	背景有热变化，如：冷热气流、强光间歇照射等；背景温度接近人体温度；强电磁场干扰场合；小动物频繁出没场合	宜加自动温度补偿技术、抗小动物干扰技术、防遮挡技术、抗强光干扰技术、智能鉴别技术
	微波-被动红外双鉴器	室内空间型：有吸顶式、壁挂式、楼道式等	误报警少（与被动红外入侵探测器相比）；可靠性较好	日常环境噪声；温度在15～25℃时探测效果最佳	现场温度接近人体温度时，灵敏度下降；强电磁场干扰情况；小动物出没频繁场合	双-单转换型；自动温度补偿技术；防遮挡技术；抗小动物干扰技术；智能鉴别技术
	声控单技术式玻璃破碎探测器	室内空间型：有吸顶型、壁挂式等	被动式；仅对玻璃破碎等高频声响敏感	日常环境噪声	环境嘈杂，附近有金属打击声、汽笛声、电铃声等高频声响	智能鉴别技术
	微波多普勒探测器	室内空间型：壁挂式	不受声、光、热的影响	可在环境噪声较强、光变化、热变化较大的条件下工作	不适宜简易房间或临时展厅使用，不适宜高频（微波段）电磁场环境使用，防范现场也不宜有活动物和可能活动物	平面天线技术；智能鉴别技术
	声控-次声波式玻璃破碎双鉴器	室内空间型（警戒空间要有较好的密封性）	与单技术玻璃破碎探测器相比误报少；可靠性较强	密封性较好的室内	简易或密封性不好的室内	智能鉴别技术

解决探测器均面对的漏检和误报两大问题有以下方法：一方面，采用自身硬件、软件技术措施；另一方面，采用两种以上技术的双鉴或多鉴式探测。

（三）入侵探测器的设置与选择

1. 入侵探测器盲区边缘与防护目标间的距离不应小于5 m。

2. 入侵探测器的设置宜远离影响其工作的电磁辐射、热辐射、光辐射、噪声、气象方面等不利环境，当不能满足要求时，应采取防护措施。

3. 被动红外探测器的防护区内，不应有影响探测的障碍物。

4. 入侵探测器的灵敏度应满足设防要求，并应可进行调节。

5. 复合入侵探测器，应被视为一种探测原理的探测装置。

6. 采用室外双束或四束主动红外探测器时，探测器最远警戒距离不应大于其最大射束距离的2/3。

7. 门磁、窗磁开关应安装在普通门、窗的内上侧。无框门、卷帘门可安装在门的下侧。

8. 紧急报警按钮的设置应隐蔽、安全并便于操作。并应具有防误触发、触发报警自锁、人工复位等功能。

（四）传输线缆的选择

系统的控制信号电缆可采用铜芯绝缘导线或电缆，其芯线截面积一般不小于0.50 mm²，当采用多芯电缆，传输距离在150 m以内时，其芯线截面积最小可放宽至0.30 mm²。电源线传输距离在150 m以内时，其芯线截面积最小可放宽至0.75 mm²。

系统中信号传输电缆，因为信号电流太小，无须计算导线截面，只须考虑机械强度即可。但对于多个探测器共用一条信号线时，仍需要计算。

对集中供电的电源线，一定要根据这对导线上所承受的总负荷和供电距离，铜线可按下式计算：

$$S = IL\Delta 54.4U$$

式中：I——导线中通过的最大电流，A；

　　　L——导线的长度，m；

　　　ΔU——允许的电压降，V；

　　　S——导线截面，mm²。

ΔU电压降可由整个系统（或某个回路）中所用的探测器的工作电压范围

和供电电源电压额定值综合起来考虑选定，一般选取工作电压范围最窄的那个值。假如系统中一对电源线带有多个探测器，其中有的探测器的工作电压范围为 10.5 ~ 16 V；有的为 11 ~ 13 V，有的为 8.5 ~ 15 V 等。而电源电压额定值为 12 V，所以 ΔU 应为 1 V。

如有一个系统，最远的探测器距监控中心的供电距离 L 为 200 m，传输线上所带的负荷为 0.75 A，综合起来选取的电压降 ΔU 为 2 V，则 $S = IL/54.4\Delta U = (0.75 \times 200)/(54.4 \times 2) = 1.37\,\text{mm}^2$，故应选取标称截面为 1.5 mm^2 的铜线。

三、访客对讲

（一）分类

1. 从基本性质上可分为可视对讲系统、非可视对讲系统。

2. 从传输方式上可分为总线制对讲系统、网络对讲系统、无线对讲系统。

3. 从使用场所上可分为 IP 数字网络对讲系统、IP 数字网络楼宇可视对讲系统、监狱对讲系统、医院对讲系统（医护对讲系统）、电梯对讲系统、学校对讲系统、银行对讲系统（银行窗口对讲机）等。

（二）组成

系统基于网络传输方式，门口机、室内机、管理软件之间通过局域网连接。室内机可外接两线制门铃按钮和八路报警输入的报警设备。门口机、室内机可通过电源箱集中供电或配专用电源单独供电。可实现一键呼叫、可视对讲、智能开锁、户户通、留影留言、音乐门铃、信息发布、电梯联动等功能。

（三）功能

小区门口、单元门口设置门口机，物业管理中心设置管理软件，各住户室内设置室内机，实现以下功能：

1. 一键呼叫：住户可一键呼叫管理中心，便于及时解决问题，使社区服务更加便捷。

2. 可视对讲：门口机与室内机及住户与住户之间可相互呼叫、双工可视对讲。

3.留影留言:当来客访问但家里无人接听时,访客可直接留影留言,方便查询。

4.监视功能:住户室内机可监视单元门口机的周围实况。

5.开锁功能:门口机支持密码开锁和IC卡开锁,也可呼叫住户给予开锁。

6.信息发布:监控中心可向住户发布社区通知、电子公告、广告宣传等信息。

7.安防报警:住户室内机可外接报警设备,实现居家安防报警。

8.电梯联动:住户室内机支持与电梯联动。

9.防拆报警:单元或小区门口机遭到人为非法强拆时,可及时向监控中心报警,以最大限度地保护住户安全。

(四)系统构建

数字对讲系统应用TCP/IP数字联网技术实现社区智能化功能,展现出极强的功能拓展能力,除标准的可视对讲、门禁开锁、紧急求助、安防报警、安防监控、信息接收、图像存储、免打扰、物业综合管理等基本应用功能外,同时支持扩展智能家居控制、电梯联动、手机联动等功能。

四、停车场管理

(一)组成

停车场管理系统配置包括停车场控制机、自动吐卡机、远程遥控、远距离感应读卡器、感应卡(有源卡和无源卡)、自动道闸、车辆感应器、地感线圈、通信适配器、摄像机、传输设备、停车场系统管理软件等。

(二)功能

1.基本功能:刷卡(扫描条形码票据)出入、计时收费、中文(英文)显示、语音提示、出入口对讲、出入口图像对比、实时监控、出入口自动吞卡、吐卡、防砸车、车牌识别、空位数量提示、车位引导。

2.高级功能:无卡管理系统、手机刷卡系统、区域车位引导系统、防撞系统、自动区分车型收费、自定义系统功能(分时区区别收费、高峰期不落闸等）、远程监控与控制功能、控制车辆进入权限、记录及限制停车时间、防止人员收费漏洞、车位满时限制进入、单通道系统，可防止通道内堵车、实现不停车过通道、全视频收费系统、停车场找车系统。

（三）分类

1.按功能齐全性分

简易停车场管理系统；标准停车场管理系统；车牌识别型管理系统；自定义管理系统。

2.按读卡距离远近分

近距离停车场管理系统（读卡距离在10 cm以内）；中距离停车场管理系统（读卡距离在80 cm左右）；远距离停车场管理系统（读卡距离1 ～ 50 m可调，可实现不停车收费）。

3.按使用的卡片种类分

ID卡停车场管理系统；IC卡停车场管理系统；ID/IC兼容式停车场管理系统；手机卡停车场系统；动态视频无卡停车场系统。

4.按出入口的数量分

一进一出停车场系统；多进多出停车场系统；一进多出停车场系统；多进少出停车场系统。

5.按停车场类型分

取卡式停车场管理系统；免取卡停车场管理系统。

（四）工作流程

1.入口部分主要由入口票箱（内含感应式ID卡读写器、自动出卡机、车辆感应器、语音提示系统、语音对讲系统）、自动路闸、车辆检测线圈、入口摄像系统等组成。

临时车进入停车场时，系统检测到车辆，语音提示司机取卡，汉字显示屏自动显示车场内剩余车位数，司机按键，票箱内发卡器即发送一张ID卡，经输卡机芯传送至入口票箱出卡口，并同时读卡。司机取卡后，自动路闸起栏放行车辆，图像系统自动摄录一幅车辆进场图像于电脑，播放欢迎词，并放行车辆。

月租卡车辆进入停车场时，系统检测和语言提示，司机把月租卡在入口票箱感应区距离内掠过，判断有效性（月卡使用期限、卡类、卡号合法性），若有效，后续流程同临时车。

特殊卡车辆进入停车场时，设在车道下的车辆检测线圈检测车到，入口处的票箱语音提示司机读卡，司机把特殊卡在入口票箱感应区距离内掠过，入口票箱内ID卡读写器读取该卡的特征和有关信息，判断其有效性（指的是特殊卡使用期限、卡类、卡号合法性），后续流程同月租车。

2.出口部分主要由出口票箱（内含感应式ID卡读写器、语音提示系统、语音对讲系统）、自动路闸、车辆检测线圈、出口摄像系统等组成。

临时车驶出停车场出口时，在出口处，司机将非接触式ID卡交给收费员，司机把月租卡在出口票箱感应器感应距离内掠过，收费电脑根据ID卡记录信息自动计算出应交费，提示司机交费，同时系统自动显示该车进场图像，收费员确认无误后收费，按确认键，图像系统自动摄录一幅车辆出场图像于电脑，语音系统提示"谢谢，祝您一路平安！"等声音，电动栏杆升起。车辆通过埋在车道下的车辆检测线圈后，电动栏杆自动落下。

月租卡车辆驶出停车场时，司机把月租卡在出口票箱感应器感应距离内掠过，出口票箱内ID卡读卡器读取该卡的特征和有关ID卡信息，判别其有效性，同时系统自动显示该车进场图像，若有效图像和进场时自动摄录的图像一致，语音系统提示"谢谢，祝您一路平安！"等声音，自动路闸起栏放行车辆，车辆感应器检测车辆通过后，栏杆自动落下；若无效则报警，不放行。

特殊卡车辆驶出停车场时，司机把月租卡在出口票箱感应器感应距离内掠过，出口票箱内ID卡读卡器读取该卡的特征和有关ID卡信息，判别其有效性。无效则不允许放行并提示。

3.收费控制由收费控制电脑、UPS、报表打印机、操作台、入口手动按钮、出口手动按钮、语音提示系统、语音对讲系统组成。

操作员通过收费控制电脑负责对临时卡、月租卡、特殊卡进行管理和收费，通过图像对比识别功能减少车型及车牌的识别和读写时间，提高车辆出入的车流速度。图像对比与ID卡配合使用，彻底达到防盗车的目的。进出图像存档，杜绝了谎报免费车辆。"一车一卡"严密控制持卡者进出停车场的行为，对出入口进行智能管理，还负责对报表打印机发出相应控制信号，同时完成车场数据采集下载、查询打印报表、统计分析、系统维护和月租卡发售功能。

4.出、入口手动按钮主要对出入口道闸的智能控制，可进行抬闸、放闸、停止三个功能。语音提示系统、语音对讲系统只是操作员与司机之间的交流和收费时的友好提示，使系统的服务功能更加周全。早在2004年，蓝牙停车场已经在中国内陆相继问世。蓝牙停车场系统，读卡速度快，读卡距离远，具有良好的方向性，读卡距离可控制（1～5 m、5～10 m、10～20 m可调）。10～60 km/s可不停车读卡。

进场时，驾驶员驱车到入口控制机处，如果是固定卡用户，直接刷卡就能进出，对于远距离卡片，进入读卡范围立即读卡，不用刷卡。固定卡读卡后，系统会判断是否在有限期内，是否有余额够用，并且判断是否有在停车场内部未出的记录，如果满足上面条件，则开闸放行；否则语音提示不放行。

进场时，如果是临时卡，则驾驶员自己取卡，道闸开启，车辆通行。

出场时，固定卡，直接刷卡进出。出场时，临时卡，收费员收费后，开闸放行。

车辆不论是进还是出，在开启道闸的瞬间，摄像头拍照保存留为记录。车辆通过道闸后，道闸自动落杆。

第二节　建筑设备监控

一、概述

建筑设备监控系统是将建筑物或建筑群内的电力、照明、空调、给排水、消防、运输、保安、车库管理设备或系统，以集中监视、控制和管理为目的而构成的综合系统。系统通过对建筑（群）的各种设备实施综合自动化监控与管理，为业主和用户提供安全、舒适、便捷高效的工作与生活环境，并使整个系统和其中的各种设备处在最佳的工作状态，从而保证系统运行的经济性和管理的现代化、信息化和智能化。

建筑设备自动化系统的基本功能可以归纳如下：

1.自动监视并控制各种机电设备的启、停，显示或打印当前运转状态。

2.自动检测、显示、打印各种机电设备的运行参数及其变化趋势或历史数据。

3.根据外界条件、环境因素、负载变化情况自动调节各种设备，使之始终运行于最佳状态。

4.监测并及时处理各种意外、突发事件。

5.实现对大楼内各种机电设备的统一管理、协调控制。

6.能源管理：水、电、气等的计量收费实现能源管理自动化。

7.设备管理：包括设备档案、设备运行报表和设备维修管理等。

二、空调及通风

（一）空调及通风系统组成

1.通风系统的组成

通风系统的组成一般包括以下部分：进气处理设备，如空气过滤器、热湿处理设备和空气净化设备等；送风机或排风机；风道系统，如风管、阀部件、送排风口、排气罩等；排气处理设备，如除尘器、有害物体净化设备、风帽等。

2.空调系统的组成

空气处理设备：是对空气进行加热或冷却、加湿或除湿、空气净化处理等功能的设备。主要包括组合式空调机组、新风机组、风机盘管、空气热回收装置、变风量末端装置、单元式空调机等。组合式空调机组一般由新回风混合段、过滤段、冷却段、加热段、加湿段、送风段等组成。风机盘管主要由风机、换热盘管和过滤装置等组成。变风量末端装置目前国内常采用串联与并联风机动力型和单风管节流型几种类型。

空调冷源及热源：常用热源一般包括热水、蒸汽锅炉、电锅炉、热泵机组、电加热器串联等。空调冷源包括天然冷源及人工冷源，天然冷源利用自然界的冰、低温深井水等来制冷。目前常用的冷源设备包括电动压缩式和溴化锂吸收式制冷机组两大类。

空调冷热源的附属设备：包括冷却塔、水泵、换热装置、蓄热蓄冷装置、软化水装置、集分水器、净化装置、过滤装置、定压稳压装置等。

空调风系统：由风机、风管系统组成。风机包括送风、回风、排风风机，常用的风机有离心式和轴流式。风管系统包括通风管道（含软接风管）、各类阀部件（调节阀、防火阀、消声器、静压箱、过滤器等）、末端风口等。

空调水系统：由冷冻水、冷凝水、冷却水系统的管道，软连接，各类阀部件（阀门、电动阀门、安全阀、过滤器、补偿器等），仪器仪表等组成。

控制、调节装置：包括压力传感器、温度传感器、温湿度传感器、空气质量传感器、流量传感器、执行器等。

（二）空调系统监控功能

智能大厦中的空调系统是指空调机组、新风机组、变风量机组、风机盘管等设备。其控制主要是指温、湿度调节、预定时间表和自动启停控制。如果大厦内的空调系统已经有很完善的自动化控制系统时，也可以采用只监不控的方式。

1.启动顺序：冷却塔风机→冷却水蝶阀→冷却水泵→冷冻水蝶阀→冷冻水泵→冷水机组。

2.停止顺序：冷水机组→冷冻水泵→冷冻水蝶阀→冷却水泵→冷却水蝶阀→冷却塔风机。

3.冷冻机组启停：根据对冷冻循环水温度、流量的检测，送入DDC计算出冷负荷；根据冷负荷及压差旁通阀的开度调整制冷机组的启停和供/回水总管上运行的电机台数。

4.压差旁通控制：利用压差传感器检测冷冻循环水供/回水总管的压差，送入DDC与压差设定值比较，经过计算送出相应信号调节冷冻循环供水比例阀的开度，实现供/回水之间的旁通来恒定供/回水管网之间的压差。

5.水泵控制：DDC完成对冷冻泵、冷却泵的启停控制、运行状态、故障报警信号的管理。自动实现恒压控制、循环倒泵、备用替开等功能。

6.水流检测：冷冻泵、冷却泵运行后，DDC接收水流开关对水流量的检测信号，当水流量很小或出现断流现象时，应提供报警并停止相应的机组运行。

7.冷却水温度控制：将冷却循环水供/回水总管上温度差值的检测信号送入DDC，实时控制冷却塔风机的启停和运行台数。

8.联锁控制：冷冻水供/回水温差、压差与旁通调节阀实现联动。

9.显示打印：动态运行流程画面、数据查询、运行曲线，冷冻水温度、冷却水温度、冷冻水流量、冷冻供/回水压差,故障报表、数据报表。

10.参数监测：冷冻水温度、压力，冷冻水回水流量，冷却水温度，冷冻水泵的状态、故障、水流，冷却水泵的状态、故障、水流，制冷机组的状态、故障，冷却塔风扇的状态、故障。

11.报警功能：所有检测的参数超限报警、水流开关报警、所有上述设备故障的报警。

12.制热站系统监控功能。

供热水温度控制：将热交换器二次热水出口的检测温度送入DDC与设定值比较，控制热交换器上的一次热水/蒸汽电动调节阀，通过调整一次热源供给的流量，实现对二次侧热水出口温度的精准控制。

热水泵控制：DDC完成对热水泵的启停控制、运行状态、故障报警信号的管理。自动实现恒压控制、循环倒泵、备用替开等功能。

联锁控制：根据负荷启动热交换器工作参数。热水泵停止运行时，自动关闭热交换器一次侧的热水/蒸汽电动调节阀。

参数监测：热交换器一次侧供给热水（蒸汽）的温度、压力、流量，供水温度、压力回水温度、压力、流量。

报警功能：温度、压力的超限报警，热水泵的故障报警。

显示打印：动态运行流程画面、数据查询、运行曲线、一次热水（蒸汽）的温度、二次侧出水/回水温度、压力、流量。

（三）空气处理机组的监控

风机控制：采用定时程序控制，累计运行时间。

温度控制：夏季送冷风，冬季送暖风，春秋季节送新风。

湿度控制：根据回风湿度调节加湿阀流量开度，控制蒸汽送给量。

风阀控制：根据室外温度和回风中CO_2的焓值，调整风阀开度。

联锁控制：风机启停和冷/热水电动阀、加湿阀、新风风阀、回风风阀实施联动。

参数监测：送风温度、湿度，回风温度、湿度，室内温度，室外温度，手动/自动转换，风机运行状态，电动水阀阀位反馈，加湿阀阀位反馈，过滤网压差开关，风机压差开关，防霜冻保护开关，室内空气质量（CO_2）等。

报警功能：过滤网压差超限（过滤网堵塞）报警、风机故障报警、防霜冻低温报警、参数越限报警等。

显示打印：动态流程画面、数据查询、运行曲线、送风温湿度、回风温湿度、新风温湿度、阀位置显示、故障报表、数据报表。

（四）新风机组的监控

风机控制：采用定时程序控制，累计运行时间。

温度控制：采用定时送新风，根据新风温度调节冷/热水电动阀。

湿度控制：采用定时送蒸气，以此来改善房间的湿度。

风阀控制：冬季低温保护时，关闭新风风阀。

联锁控制：风机启停和冷/热水电动阀、加湿阀、新风风阀、实施联动。

参数监测：新风温度、新风湿度、室外温度、手动/自动转换、风机运行状态、过滤网压差开关、风机压差开关、防霜冻保护开关。

报警功能：过滤网两端的压差超限（过滤网堵塞）报警、风机故障报警、防霜冻低温报警、参数越限报警等。

三、给排水

给排水是由生活供水（冷水、热水）和污水排放等环节组成。给排水系统是任何建筑都必不可少的重要组成部分。一般建筑物的给排水系统包括生活给水系统、生活排水系统和消防系统，这几个系统都是楼宇自动化系统重要的监控对象。由于消防水系统与火灾自动报警系统、消防自动灭火系统关系密切，国家技术规范规定消防给水应由消防系统统一控制管理，因此，消防给水系统由消防联动控制系统进行控制。在供水方面主要是实施恒压供水，污水池液位的指示和报警，以及各种供水、排水泵的定时循环工作。恒压供水技术通常是由变频器、软启动器等组成的电气控制系统。在用户用水量比较少时，由变频器通过调节频率来适应供水流量。用户用水量增加后，可通过增加工频泵来满足供水流量。

生活水泵控制：DDC完成对生活水泵的启停控制、运行状态、故障报警信号的管理。自动实现恒压控制、循环倒泵、备用替开等功能。

水流检测：生活水泵运行，DDC接收水流开关对水流量的检测信号。

来水压力监测：远程压力传感器实时监测市自来水管网的压力，并将模拟信号送入DDC，实现超压和低压的及时报警和控制处理。

供水压力监测：远程压力传感器实时监测供水管网的压力，并将模拟信号送入DDC，实现供水压力的实时监测。

频率监测：变频器输出频率的当前值，并将模拟信号送入DDC，实现频率的实时监测。

污水泵控制：DDC完成对污水泵的启停控制、运行状态、故障报警信号的监控。自动实现循环倒泵、备用替开等功能。

污水液位监测：DDC接收污水液位的检测信号，完成对超低液位、低液位、高液位、超高液位的实时显示。

报警功能：所有检测的参数故障报警、水流开关报警、超低液位报警、超高液位报警。

显示打印：动态运行流程画面、数据查询、运行曲线、来水压力、供水压力、变频器频率、故障报表、数据报表。

四、变配电

（一）变配电 DDC 监控管理系统

采用变配电监控系统进行监测管理，可连接智能电力监控仪表、带有智能接口的低压断路器、中压综合保护继电器、变压器、直流屏等，实现遥控、遥测、遥信功能，对系统各种运行开关量状态与电量参数进行实时采集和显示，可完整地掌握变配电系统的实时运行状态，及时发现故障并做出相应的决策和处理，同时可以使值班管理人员根据变配电系统的运行情况进行负荷分析、合理调度、远控合分闸、躲峰填谷，实现对变配电系统的现代化运行管理。变配电监控系统具有电气参数实时监测、事故异常报警、事件记录和打印、统计报表的整理和打印、电能量成本管理和负荷监控等综合功能，使设备按最佳工况运行，节约能源。采用智能变配电监控管理系统，使供电系统更安全、合理、经济地运行，提高供配电系统可靠性。适用于中低压变电站、工厂、楼宇、小区的变电、配电系统的监控和管理。

变压器温度监测：实时监测供电变压器的温度，将采集的温度值存入数据库中，为数据查询和曲线输出提供依据。

供电高压侧监测：对供电高压侧的电压、电流进行实时监测，将采集数值存入数据库，为数据查询和曲线输出提供依据。

供电低压侧监测：对供电低压侧的电压、电流、功率因数进行实时监测，将采集数值存入数据库，为数据查询和曲线输出提供依据。

报警功能：变压器超温、高、低压侧过电压、过电流时输出故障报警。

显示打印：动态运行流程画面、数据查询、运行曲线、故障报表、数据报表。

（二）智能变配电监控系统

智能变配电监控系统是利用现代计算机控制技术、通信技术和网络技术等，采用抗干扰能力强的通信设备及智能电力仪表，经电力监控管理软件组态，实现系统的监控和管理。智能变配电监控系统借助了计算机、通信设备、计量保护装置等，为系统的实时数据采集、开关状态检测及远程控制提供了基础平台。该电力监控系统可以为企业提供"监控一体化"的整体解决方案，主要包括实时历史数据库AcrSpace、工业自动化组态软件AcrControl、电力自动化软件AcrNetPower、"软"控制策略软件AcrStrategy、通信网关服务器AcrField-Comm、OPC产品、Web门户工具等，可以广泛地应用于企业信息化、DCS系统、PLC系统、SCADA系统。

1.系统结构

Acrel-2000智能变配电监控系统是基于10 kV以下变配电系统的监测与管理，该系统由管理层（站控层）、通信层（中间层）、间隔层（现场监控层）三部分组成。

（1）站控层（站控管理层）

位于监控室内，具体包括安装有智能电力监控系统的后台主机等相关外设。智能变配电监控系统负责将通信、信间隔层上传的数据解包，进行集中管理和分析，执行相关操作，负责整个变配电系统的整体监控。智能电力监控系统提供专用的通信功能模块，通过专用的以太网硬件通信接口，以OPC方式或其他通信协议向上一级系统（如BAS、DCS或调度系统）发送相关的数据和信息，实现系统的集成。

（2）中间层（网络通信层）

采用通信管理机，负责与现场设备层的各类装置进行通信，采集各类装置的数据、参数，进行处理后集中打包传输到主站层，同时作为中转单元，接受主站

层下发的指令，转发给现场设备层各类装置。

（3）现场监控层（间隔层）

位于中低压变配电现场，具体包括微机保护装置、多功能仪表、直流屏、温湿控制器、电动机保护器等。负责采集电力现场的各类数据和信息状态，发送给通信间隔层，同时也作为执行单元，执行通信间隔层下发的各类指令。

2. 系统功能

①友好的人机交互界面（HMI）。标准的变配电系统具有CAD一次单线图显示中、低压配电网络的接线情况；庞大的系统具有多画面切换及画面导航的功能；分散的配电系统具有空间地理平面的系统主画面。主画面可直观显示各回路的运行状态，并具有回路带电、非带电及故障着色的功能。主要电参量直接显示于人机交互界面并实时刷新。

②用户管理。本软件可对不同级别的用户赋予不同权限，从而保证系统在运行过程中的安全性和可靠性。如对某重要回路的合/分闸操作，须由操作员级用户输入操作口令外，还须工程师级用户输入确认口令后方可完成该操作。

③数据采集处理。Acrel-2000智能变配电监控系统可实时和定时采集现场设备的各电参量及开关量状态（包括三相电压、电流、功率、功率因数、频率、电能、温度、开关位置、设备运行状态等），将采集到的数据或直接显示，或通过统计计算生成新的直观的数据信息再显示（总系统功率、负荷最大值、功率因数上下限等），并对重要的信息量进行数据库存储。

④趋势曲线分析。系统提供了实时曲线和历史趋势两种曲线分析界面，通过调用相关回路实时曲线界面分析该回路当前的负荷运行状况。如通过调用某配出回路的实时曲线可分析由该回路的电气设备引起的信号波动情况。系统的历史趋势即系统对所有已存储数据均可查看其历史趋势，方便工程人员对监测的配电网络进行质量分析。

⑤报表管理。系统具有标准的电能报表格式，并可根据用户需求设计符合其需要的报表格式，系统可自动统计。可自动生成各种类型的实时运行报表、历史报表、事件故障及告警记录报表、操作记录报表等，可以查询和打印系统记录的所有数据值，自动生成电能的日、月、季、年度报表，根据复费率的时段及费率的设定值生成电能的费率报表，查询打印的起点、间隔等参数可自行设置；系统

设计还可根据用户需求量身定制满足不同要求的报表输出功能。

⑥事件记录和故障报警。系统对所有用户操作、开关变位、参量越限及其他用户实际需求的事件均具有详细的记录功能，包括事件发生的时间位置、当前值班人员事件是否确认等信息，对开关变位、参量越限等信息还具有声音报警功能，同时自动对运行设备发送控制指令或提示值班人员迅速排除故障。

⑦"五遥"功能。Acrel-2000智能变配电监控系统不仅能实现常规的"遥信""遥控""遥测""遥调"功能，还可以实现"遥设"功能。

遥信：实时对开关运行状态、保护工作等开关量进行监视。计算机实时显示和自动报警。

遥控：通过计算机屏幕选择相应的站号、开关号、合/分闸等信息，并在屏幕上将选择的开关状态反馈出来，确认后执行，实时记录操作时间、类型、合开关号等。

遥测：通过计算机实时对系统电压、电流、有功功率、无功功率、功率因数、超限报警、频率进行不断的采集、分析、处理、记录、显示曲线、棒图，自动生成报表。

遥调：用于有载变压器的调压升/降。

遥设：用于远方修改分散继电保护装置的定值、控制字，以及调整各种仪表的工作状态。

五、照明

（一）功能

1.集中控制和多点操作功能

在任何一个地方的终端均可控制不同回路灯具，或在不同地方的终端可以控制同一回路具。

2.灯光明暗调节功能

可以按照意愿调整场景模式、及灯光明暗程度。可以按住本地开关来进行光的调亮和调暗，也可以利用集中控制器是遥控器调节光的明暗亮度。

3. 软启功能

开灯时，灯光由暗渐渐变亮；关灯时，灯光由亮渐渐变暗，避免亮度的突然变化刺激人眼，给人眼一个缓冲，保护眼睛。而且避免大电流和高温的突变对灯丝的冲击，保护灯泡，延长使用寿命，还可以随着人走近灯光慢慢变亮，随着人的离开灯光慢慢变暗，有效节约用电。

4. 定时控制功能

可以自由调节灯光开关的时间，进行节能管理。

5. 全开全关和记忆功能

整个照明系统的灯可以实现一键全开和一键全关的功能。不用一个按键一个按键地去关闭或者开启灯光。

（二）照明 DDC 监控管理系统

智能楼宇DDC照明控制系统由DDC控制器、LonWorks网卡、组态监控软件、照明控制设备、光控开关等组成。

办公区照明监控：对正常工作日、双休日、节假日采用不同的时间控制，根据照度传感器采集的数据进行调光控制，实施启停控制、运行状态、故障报警、累计运行时间。

公共区照明监控：采用定时程序控制，实施启停控制、运行状态、故障报警、累计运行时间。

生活区照明监控：采用定时程序控制，实施启停控制（其中泛光照明只是在节假日中投入）、运行状态、故障报警、累计运行时间。

区街和泛光照明：采用定时程序控制，实施启停控制、运行状态、故障报警、累计运行时间。

事故照明：出现紧急事故时自动启动事故照明，并发出报警。

报警功能：各个区域的照明故障报警，紧急事故的报警（启动事故照明）。

显示打印：动态运行流程画面、数据查询、运行曲线、故障报表、数据报表。

（三）智能照明控制系统

智能照明控制系统是利用先进电磁调压及电子感应技术，以公共照明统一格智能为平台，对供电进行实时监控与跟踪，自动平滑地调节电路的电压和电流幅度，改善照明电路中不平衡负荷所带来的额外功耗，提高功率因数，降低灯具和线路的工作温度，达到优化供电目的的照明控制系统。智能照明系统通过计算机主机或PC监控器编程设计出各种不同的照明方案，如须集中管理的，可在控制室中设置一台主机。每个输入输出单元设置唯一的地址并用软件设定其功能。输入单元一般为安全电压。输入信号在通信网络上传送，所有的输出单元接收并做出判断，控制相应的输出回路。系统中的每个单元均内设微处理器（CPU）和数据存储器，所有的参数被分散存储在各个单元中，即使系统断电或某一单元损坏，也不影响其他单元的正常使用，整个系统则通过总线连接成网。

1.组成

系统单元：用于提供工作电源，源系统时钟及各种系统的接口如PC、以太网、电话等。

输入单元：主要功能是将外部控制信号换成网络上的传输信号，具体有开关、红外接收开关、红外遥控器、多功能的控制板、传感器。

输出单元：智能系统的输出单元是用于接收来自网络传输的信号，控制相应回路的输出以实现实时控制。

2.功能

①智能系统设有中央监控装置，对整个系统实施中央监控，以便随时调节照明的现场效果，例如系统设置开灯方案模式，并在计算机屏幕上仿真照明灯具的布置情况，显示各灯组的开灯模式和开/关状态。

②具有灯具异常启动和自动保护的功能。

③具有灯具启动时间，累计记录和灯具使用寿命的统计功能。

④在供电故障情况下，具有双路受电柜自动切换并启动应急照明灯组的功能。

⑤系统设有自动/手动转换开关，以便必要时对各灯组的开、关进行手动操作。

⑥系统设置与其他系统连接的接口，如建筑楼宇自控系统（BA系统），以提高综合管理水平。

⑦具有场景预设、亮度调节、定时、时序控制及软启动、软关断的功能。随着智能系统的进一步开发与完善，其功能将进一步得到增强。

六、电梯

电梯是大楼内的主要垂直交通工具，它肩负着人员和货物的运输。根据人员流动情况，合理投入电梯的运行台数。电梯在出现火警时，应与消防保持可靠的联动，进入到手动控制状态。电梯包括普通客梯、观光梯、货物电梯和自动扶梯等。在楼宇监控中，主要是对普通客梯和自动扶梯实施监控。监控范围通常包括电梯启停控制、运行状态、电梯门状态、楼层指示、故障报警、应急报警等。

电梯的启停控制：对于自动化控制程度很高的电梯实施只监不控的原则，监控运行状态、故障报警、累计运行时间。

电梯的状态监控：对电梯的运行方向、电梯门的状态、楼层位置等进行实时的监测，并将采集的数据存入数据库，为数据查询和曲线输出提供依据。

电梯的联动控制：出现火灾时，应将消防电梯外的所有电梯迅速迫降到一楼，打开电梯门，切断自动运行方式再投入到手动控制。

应急管理：出现应急呼叫时，应及时采取措施，自动向维修人员发送短信。

报警功能：电梯故障时报警，应急呼叫时报警，消防联动时报警。

显示打印：动态运行流程画面、数据查询、运行曲线、故障报表、数据报表。

第三节 通信与信息

一、计算机网络

计算机网络是指以能够相互共享资源或协同工作为目的互连起来的独立计算机的互联集合。组建计算机网络需要三要素：可独立自主工作的计算机、连接计算机的介质、通信协议（Protocol）。

可独立自主工作的计算机，是指装有操作系统的完整的计算机系统。如果一台计算机脱离了网络或其他计算机就不能工作，则不认为它是独立自主的。

介质可以是电缆、光缆或无线电波。通信协议为一种通信双方预先约定的共同遵守的格式和规范，同一网络中的两台设备之间要通信必须使用互相支持的共同协议。如果任何一台设备不支持用于网络互联的协议，它就不能与其他设备通信。

（一）标准

标准化、可靠性、安全性和可扩展性是计算机网络系统设计的基本要求。

标准化主要是指设计选择的网络设备应符合国际标准；可靠性、安全性主要是指在设计网络体系结构、数据链路和设备配置时应根据网络应用的重要性和数据流量等因素合理设计，使设计的网络满足其应用在可靠性、安全性方面的要求；可扩展性是指软硬件的配置应留有适当的裕量，以适应未来网络用户增加的需要，如布线、交换机端口、机柜和软件容量等。

以下为民用建筑计算机网络系统设计时应了解的标准化组织、网络标准和通信标准：

1.网络的根本是实现互相通信，一个网络中使用的软硬件产品可能由多家生产商提供，因此计算机网络系统中使用的软硬件标准应遵循国际标准。

2.网络标准的特性与组织标准定义了网络软硬件的物理和操作特性：个人计算机环境、网络和通信设备、操作系统、软件。目前计算机工业主要来自有数的几个组织，这些组织中的每一家定义了不同网络活动领域中的标准。

（二）分类

1.网络作用分类

广域网（WAN）：作用范围几十到几千千米。

局域网（LAN）：一般用微型计算机或工作站通过高速通信线路相连（10 MB/s以上），但在地理上局限在较小的范围（1 km左右）。

城域网（MAN）：作用范围在WAN和LAN之间。一般是一个城市。

接入网（AN）：本地接入网或居民接入网。

2.按使用者分类

公用网：如电信公司，只要愿意按电信公司的规定交纳费用的人都可以使用，也叫"公众网"。

专用网：单个部门或单位因业务需要而建造的网络，这种网络不向本单位以外提供服务。如水利系统所建立的水利广域网。

（三）网络体系结构

1.网络体系结构宜采用基于铜缆的快速以太网（100 Base-T）；基于光缆的千兆位以太网（1000 Base-SX、1000 Base-LX）；基于铜缆的千兆位以太网（1000 Base-T、1000 Base-TX）和基于光缆的万兆位以太网（10 GBase-X）。

2.在需要传输大量视频和多媒体信号的主干网段，宜采用千兆位（1000 Mbps）或万兆位（10 Gbps）以太网，也可采用异步传输模式 ATM。

（四）网络的组成

硬件构成：服务器、主机或端系统设备、通信链路。

软件构成：网络操作系统、网络协议软件。

（五）网络的拓扑结构

网络拓扑是网络形状，或网络在物理上的连通性。网络拓扑结构是指用传输媒体互连各种设备的物理布局，即用什么方式把网络中的计算机等设备连接起来。拓扑图给出网络服务器、工作站的网络配置和相互间的连接。网络的拓扑结构有很多种，主要有星型结构、环型结构、总线型结构、分布式结构、树型结构、网状结构、蜂窝状结构等。

1.星型拓扑结构：它是指各工作站以星型方式连接成网。网络有中央节点，其他节点（工作站、服务器）都与中央节点直接相连，这种结构以中央节点为中心，因此又称为集中式网络。星型拓扑结构便于集中控制，因为端用户之间的通信必须经过中心站。由于这一特点，也带来了易于维护和安全等优点。端用户设备因为故障而停机时也不会影响其他端用户间的通信。同时，星型拓扑结构的网络延迟时间较小，系统的可靠性较高。在星型拓扑结构中，网络中的各节点通过点到点的方式连接到一个中央节点（又称中央转接站，一般是集线器或交换机）上，由该中央节点向目的节点传送信息。中央节点执行集中式通信控制策略，因此中央节点相当复杂，负担比各节点重得多。在星型网中任何两个节点要进行通信都必须经过中央节点控制。

2.环型拓扑结构：它在LAN中使用较多。这种结构中的传输媒体从一个端用户到另一个端用户，直到将所有的端用户连成环型。数据在环路中沿着一个方向在各个节点间传输，信息从一个节点传到另一个节点。这种结构显而易见消除了端用户通信时对中心系统的依赖性。

环型结构的特点是：每个端用户都与两个相邻的端用户相连，因而存在着点到点链路，但总是以单向方式操作，于是便有上游端用户和下游端用户之称；信息流在网中是沿着固定方向流动的，两个节点仅有一条道路，故简化了路径选择的控制；环路上各节点都是自举控制，故控制软件简单；由于信息源在环路中是串行地穿过各个节点，当环中节点过多时，势必影响信息传输速率，使网络的响应时间延长；环路是封闭的，不便于扩充；可靠性低，一个节点故障，将会造成全网瘫痪；维护难，对分支节点故障定位较难。

3.总线型拓扑结构：采用一个信道作为传输媒体，所有站点都通过相应的硬件接口直接连到这一公共传输媒体上，该公共传输媒体即称为总线。任何一个站发送的信号都沿着传输媒体传播，而且能被所有其他站所接收。

因为所有站点共享一条公用的传输信道，所以一次只能由一个设备传输信号。通常采用分布式控制策略来确定哪个站点可以发送。发送时，发送站将报文分成分组，然后逐个依次发送这些分组，有时还要与其他站来的分组交替地在媒体上传输。当分组经过各站时，其中的目的站会识别到分组所携带的目的地址，然后复制下这些分组的内容。

4.树型拓扑结构：可以认为是多级星形结构组成的，只不过这种多级星形结构自上而下呈三角形分布的，就像一棵树一样，最顶端的枝叶少些，中间的多些，而最下面的枝叶最多。树的最下端相当于网络中的边缘层，树的中间部分相当于网络中的汇聚层，而树的顶端则相当于网络中的核心层。它采用分级的集中控制方式，其传输介质可有多条分支，但不形成闭合回路，每条通信线路都必须支持双向传输。树型结构是分级的集中控制式网络，与星型相比，它的通信线路总长度短，成本较低，节点易于扩充，寻找路径比较方便，但除了叶节点及其相连的线路外，任一节点或其相连的线路故障都会使系统受到影响。

5.网状拓扑结构：它主要指各节点通过传输线互联连接起来，并且每一个节点至少与其他两个节点相连。网状拓扑结构具有较高的可靠性，但其结构复杂，实现起来费用较高，不易管理和维护，不常用于局域网。将多个子网或多个网络连接起来构成网状拓扑结构。在一个子网中，集线器、中继器将多个设备连接起来，而桥接器、路由器及网关则将子网连接起来。

6.混合型拓扑结构：将两种或几种网络拓扑结构混合起来构成的一种网络拓扑结构称为混合型拓扑结构（也有的称之为杂合型结构）。这种网络拓扑结构是由星型结构和总线型结构的网络结合在一起的网络结构，这样的拓扑结构更能满足较大网络的拓展，解决星型网络在传输距离上的局限，而同时又解决了总线型网络在连接用户数量的限制。这种网络拓扑结构同时兼顾了星型网与总线型网络的优点，在缺点方面得到了一定的弥补。

二、物联网

（一）定义

物联网指的是将无处不在（Ubiquitous）的末端设备（Devices）和设施（Facilities），包括具备"内在智能"的传感器、移动终端、工业系统、楼控系统、家庭智能设施、视频监控系统等和"外在使能"（Enabled）的[如贴上RFID的各种资产（Assets）、携带无线终端的个人与车辆等]"智能化物件或动物"或"智能尘埃[智能尘埃又名智能微尘（Smart Dust），是一个具有电脑功能的超微型传感器，它由微处理器、双向无线电接收装置和能够组成一个无线网络的软件共同组成]"（Mote），通过各种无线和/或有线的长距离和/或短距离通信网络连接物联网域名实现互联互通（M2M）、应用大集成（Grand Integration）及基于云计算的SaaS营运等模式，在内网（Intranet）、专网（Extranet）和/或互联网（Internet）环境下，采用适当的信息安全保障机制，提供安全可控乃至个性化的实时在线监测、定位追溯、报警联动、调度指挥、预案管理、远程控制、安全防范、远程维保、在线升级、统计报表、决策支持、领导桌面（集中展示的Cockpit Dashboard）等管理和服务功能，实现对"万物"的"高效、节能、安全、环保"的"管、控、营"一体化。

（二）典型特征

1.它是各种感知技术的广泛应用。物联网上部署了海量的多种类型传感器，每个传感器都是一个信息源，不同类别的传感器所捕获的信息内容和信息格式不同。传感器获得的数据具有实时性，按一定的频率周期性地采集环境信息，不断更新数据。

2.它是一种建立在互联网上的泛在网络。物联网技术的重要基础和核心仍旧是互联网，通过各种有线和无线网络与互联网融合，将物体的信息实时准确地传递出去。在物联网上的传感器定时采集的信息需要通过网络传输，由于其数量极其庞大，形成了海量信息，在传输过程中，为了保障数据的正确性和及时性，必须适应各种异构网络和协议。

3.物联网不仅提供了传感器的连接，其本身也具有智能处理的能力，能够对物体实施智能控制。物联网将传感器和智能处理结合起来，利用云计算、模式识别等各种智能技术，扩充其应用领域。从传感器获得的海量信息中分析、加工和处理出有意义的数据，以适应不同用户的不同需求，发现新的应用领域和应用模式。

4.物联网的精神实质是提供不拘泥于任何场合、任何时间的应用场景与用户的自由互动，它依托云服务平台和互通互联的嵌入式处理软件，弱化技术色彩，强化与用户之间的良性互动，以提供更佳的用户体验、更及时的数据采集和分析建议、更自如的工作和生活，是通往智能生活的物理支撑。

5."物"的含义。要有数据传输通路；要有一定的存储功能；要有CPU；要有操作系统；要有专门的应用程序；遵循物联网的通信协议；在世界网络中有可被识别的唯一编号。

（三）关键应用

1.传感器技术也是计算机应用中的关键技术。大家都知道，到目前为止绝大部分计算机处理的都是数字信号。自从有计算机以来就需要传感器把模拟信号转换成数字信号计算机才能处理。

2.RFID标签也是一种传感器技术，RFID技术是融合了无线射频技术和嵌入式技术为一体的综合技术，RFID在自动识别、物品物流管理方面有着广阔的应用前景。

3.嵌入式系统技术是综合了计算机软硬件、传感器技术、集成电路技术、电子应用技术为一体的复杂技术。经过几十年的演变，以嵌入式系统为特征的智能终端产品随处可见，小到人们身边的MP3，大到航天航空的卫星系统。嵌入式系统正在改变着人们的生活，推动着工业生产及国防工业的发展。如果把物联网用人体做一个简单比喻，传感器相当于人的眼睛、鼻子、皮肤等感官，网络就是神经系统用来传递信息，嵌入式系统则是人的大脑，在接收到信息后要进行分类处理。这个例子很形象地描述了传感器、嵌入式系统在物联网中的位置与作用。

4.关键应用领域见表2-2。

表2-2　物联网关键应用领域

序号	关键应用领域	序号	关键应用领域
1	智能家居	9	智慧城市
2	智能交通	10	智能汽车
3	智能医疗	11	智能建筑
4	智能电网	12	智能水务
5	智能物流	13	商业智能
6	智能农业	14	智能工业
7	智能电力	15	平安城市
8	智能安防		

（四）技术及架构

物联网架构可分为三层。

1.感知层：由各种传感器构成，包括温湿度传感器、二维码标签、RFID标签和读写器、摄像头、红外线、GPS等感知终端。感知层是物联网识别物体、采集信息的来源。

2.网络层：由各种网络，包括互联网、广电网、网络管理系统和云计算平台等组成，是整个物联网的中枢，负责传递和处理感知层获取的信息。

3.应用层：是物联网和用户的接口，它与行业需求结合，实现物联网的智能应用。

（五）应用模式

物联网主要有三种服务模式。

1.智能标签：从字面理解就是每一个事物都有一个自己的标签，可以通过设备进行智能识别。通过NFC、二维码等功能对事物进行识别或者感知。例如现在最流行的手机均具有NFC功能。具有NFC功能的手机可以识别公交卡内的数据信息，并且也可以通过NFC功能将公交卡的数据信息写入到手机中，乘客乘车时只需要用手机进行刷卡就可完成支付。现在热议的移动支付功能也是同样的道理，都是利用物联网中的智能标签模式来识别用户的不同身份，并且可以进行支付与消费等动作。

2.环境监控与智能追踪：利用多种类型的传感器对周边环境与事物进行监控，同时可以做出分析和判断。例如在气象领域中，通过广泛分布的探测器，对周围的气象数据进行收集，并且通过网络传递到数据中心进行汇总计算，最终得出一张完整的地区气象数据图。

3.智能控制：这也是物联网的终极服务。基于云计算平台与智能网络，通过对传感器所收集数据的分析做出最终判断，改变对象的行为动作。

（六）分类

1.私有物联网：一般面向单一机构内部提供服务。

2.公有物联网：基于互联网向公众或大型用户群体提供服务。

3.社区物联网：向一个关联的"社区"或机构群体（一个城市政府下属的各委办局如公安局、交通局、环保局、城管局等）提供服务。

4.混合物联网：上述的两种以上的物联网的组合，但后台有统一运维实体。

5.医学物联网：将物联网技术应用于医疗、健康管理、老年健康照护等领域。

6.建筑物联网：将物联网技术应用于路灯照明管控、景观照明管控、楼宇照明管控、广场照明管控等领域。

三、卫星通信

（一）定义

利用人造地球卫星作为中继站来转发无线电波，从而实现两个或多个地球站之间的通信。人造地球卫星根据对无线电信号放大的有无及转发功能，分为有源人造地球卫星和无源人造地球卫星。由于无源人造地球卫星反射下来的信号太弱无实用价值，于是人们致力于研究具有放大、变频转发功能的有源人造地球卫星——通信卫星来实现卫星通信。其中绕地球赤道运行的周期与地球自转周期相等的同步卫星具有优越性能，利用同步卫星的通信已成为主要的卫星通信方式。不在地球同步轨道上运行的低轨卫星多在卫星移动通信中应用。

（二）基本概念及应用

卫星通信具有覆盖面积大、受地理条件限制少、通信频带宽等特点，因此成为现代信息传输方式不可缺少的一种手段。卫星通信应用非常广泛，几乎可应用于所有公用和专用通信中远距离的中继传输。

（三）基本组成

卫星通信系统包括通信和保障通信的全部设备。一般由通信卫星、通信地球站、跟踪遥测及指令分系统和监控管理分系统四部分组成。

1.跟踪遥测及指令分系统主要负责对卫星进行跟踪测量，控制其准确进入静止轨道上的指定位置。待卫星正常运行后，要定期对卫星进行轨道位置修正和姿态保持。

2.监控管理分系统主要负责对定点的卫星在业务开通前、后进行通信性能的检测和控制，以保证正常通信。

3.通信卫星主要包括通信系统、遥测指令装置、控制系统和电源装置等部分。通信卫星的主要作用就是中继站。

4.通信地球站是微波无线电收、发信站，用户通过它接入卫星线路，进行通信。

（四）工作原理

卫星通信系统包括空间段和地面段，空间段的组成包括通信卫星（空间分系统）、跟踪遥测与指令分系统（TT&C、Tracking、Telemetry and Command Station）和卫星控制中心（SCC、Satellite Control Center），地面段包括所有的地球站，又称为地球站分系统。

1.卫星通信地面段包括支持用户访问卫星转发器，并实现用户间通信的所有地面设施。用户可以是电话用户、电视观众和网络信息供应商等。卫星地球站是地面段的主体，它提供与卫星的连接链路，其硬件设备与相关协议均适合卫星信道的传输。

地球站是卫星传输系统的主要组成部分，所有的用户终端将通过它接入卫星通信线路。根据地球站的大小和用途不同，它的组成也有所不同。作为典型的标准地球站，一般包括天线分系统、收、发信机分系统、信道终端设备分系统、信道控制分系统、终端接口设备和电源分系统六个分系统。

2.卫星通信空间段包括通信卫星、TT&C 和 SCC。

SCC（卫星控制中心）的任务是对定点的卫星在业务开通前、后进行通信性能的监测和控制，例如对卫星转发器功率、卫星天线增益及各地球站发射的功率、射频频率和带宽等基本通信参数进行监控，以保证正常通信。

T&C（测控站）是受卫星控制中心直接管辖的、卫星测控系统的附属部分。它与卫星控制中心结合，其任务有以下方面：检测和控制火箭并对卫星进行跟踪测量；控制其准确进入静止轨道上的指定位置；待卫星正常运行后，定期对卫星进行轨道修正和位置保持；测控卫星的通信系统及其他部分的工作状态，使其正常工作；必要时，控制卫星的退役。

SCC 和 T&C 构成了卫星测控系统，一个测控系统一般以卫星控制中心为主体，加上分布在不同地区的多个测控站组成。

四、移动通信

移动通信（Mobile Communications）指有一方或两方处于运动中的通信用户双方间的通信方式。

通信包括陆、海、空移动通信，采用的频段遍及低频、中频、高频、甚高频和特高频。移动通信系统由移动台、基台、移动交换局组成。若要同某移动台通信，移动交换局通过各基台向全网发出呼叫，被叫台收到后发出应答信号，移动交换局收到应答后分配一个信道给该移动台并从此话路信道中传送一信令使其振铃。

（一）组成

移动通信系统由两部分组成：1.空间系统；2.地面系统卫星移动无线电台和天线、关口站、基站。

（二）分类

1.按服务对象分

（1）公用移动通信：面向公众提供服务，如我们日常使用的移动电话服务。

（2）专用移动通信：为特定行业或组织提供服务，如公安、消防、军队等。

2.按组网方式分：

（1）蜂窝状移动通信：通过将服务区域划分为多个六边形小区，每个小区设立一个基站，形成蜂窝状网络结构。

（2）移动卫星通信：通过卫星作为中继站，实现全球范围内的通信。

（3）移动数据通信：主要提供数据传输服务，如移动互联网。

（4）公用无绳电话（CT2）：一种无线本地环路（WLL）技术，提供固定电话的无线接入。

（5）集群通信系统：一种多信道共用系统，通常用于调度电话等，提供多用户共享信道资源。

3.按工作方式分：

（1）单向通信方式：信息只能单向传输，如广播、电视信号传输。

（2）双向通信方式：信息可以双向传输，进一步分为：

（3）单工通信：通信双方可以交替发送和接收信息，但不能同时进行。

（3）双工通信：通信双方可以同时发送和接收信息。

（4）半双工通信：通信双方可以双向通信，但不能同时进行发送和接收。

4.按采用的技术分：

（1）模拟移动通信系统：使用模拟信号传输，如早期的移动电话系统。

（2）数字移动通信系统：使用数字信号传输，具有更好的抗干扰性和更高的传输效率，如GSM、CDMA、LTE、5G等。（三）特点

1.无线电波传播环境复杂。移动通信的电波处在特高频（300～3000 MHz）频段，电波传播主要方式是视距传播。电磁波在传播时不仅有直射波信号，还有经地面、建筑群等产生的反射、折射、绕射的传播，从而产生由多径传播引起的快衰落、阴影效应引起的慢衰落，系统必须配有抗衰落措施，才能保证正常运行。

2.噪声和干扰严重。移动台在移动时既有环境噪声的干扰，又有系统干扰。由于系统内有多个用户，必须采用频率复用技术，系统就有了互调干扰、邻道干扰、同频干扰等主要的系统干扰，这就要求系统有合理的同频复用规划和无线网络优化等措施。

3.用户的移动性和移动的不可预知性。要求系统有完善的管理技术对用户的位置进行登记、跟踪，不因位置改变中断通信。

4.频率资源有限。ITU对无线频率的划分有严格规定，要设法提高系统的频率利用率。

（四）工作方式

1.单工通信指通信双方电台交替地进行收信和发信。根据收、发频率的异同，又可分为同频单工和异频单工。

2.双工通信指通信双方可同时进行传输消息的工作方式，有时亦称全双工通信。基站的发射机和接收机分别使用一副天线，而移动台通过双工器共用一副天线。双工通信一般使用一对频道，以实施频分双工（FDD）工作方式。

3.模拟网和数字网。

数字通信系统的主要优点可归纳如下：

（1）频谱利用率高，有利于提高系统容量。采用高效的信源编码技术、高频谱效率的数字调制解调技术、先进的信号处理技术和多址方式及高效动态资源分配技术等，可以在不增加系统带宽的条件下增多系统同时通信的用户数。

（2）能提供多种业务服务，提高通信系统的通用性。数字系统传输的是"1""0"形式的数字信号。语音、图像、音乐或数据等数字信息在传输和交换设备中的表现形式都是相同的，信号的处理和控制方法也是相似的，因而用同一设备来传送任何类型的数字信息都是可能的。利用单一通信网络来提供综合业务服务正是未来通信系统的发展方向。

（3）抗噪声、抗干扰和抗多径衰落的能力强。这些优点有利于提高信息传输的可靠性，或者说保证通信质量。采用纠错编码、交织编码、自适应均衡、分集接收及扩跳频技术等，可以控制由任何干扰和不良环境产生的损害，使传输差错率低于规定的阈值。

（4）能实现更有效、灵活的网络管理和控制。数字系统可以设置专门的控制信道用来传输信令信息，也可以把控制指令插入业务信道的比特流中，进行控制信息的传输，因而便于实现多种可靠的控制功能。

（5）便于实现通信的安全保密。

（6）可降低设备成本以及减小用户手机的体积和重量。

（五）数字移动通信技术

1.数字调制技术

数字调制是使在信道上传送的信号特性与信道特性相匹配的一种技术。

模拟语音信号，经过语音编码所得到的数字信号，必须经过调制才能实际传输。

无线传输系统中利用载波来携带语音编码信号，即用语音编码后的数字信号对载波进行调制。

数字调制方式由以下三种：

移频键控（FSK）：载波的频率按照数字信号"1""0"变化而对应变化。

移相键控（PSK）：载波的相位按照数字信号"1""0"变化而对应变化。

振幅键控（ASK）：载波的振幅按照数字信号"1""0"变化而对应变化。

GSM移动通信系统采用高斯预滤波最小移频键控GMSK。移动通信使用的调制技术还有二相移相键控（BPSK）、四相移相键控（QPSK）、正交调幅（QAM），频谱利用率较高，设计难度和成本较高。

2.多址技术

把多个用户接入一个传输媒质实现相互间通信时，给每个用户信号赋予不同的特征，以区分不同的用户的技术。

常用的多址方式：频分多址（FDMA）、时分多址（TDMA）和码分多址（CDMA）。

GSM系统使用频分多址（FDMA）与时分多址（TDMA）的混合多址方式，即FDMA/TDMA。3G系统多址方式使用码分多址（CDMA）方式。

3.双工方式

频分双工（FDD）收发信各占用一个频率。优点是收、发信号同时进行，时延小，技术成熟，缺点是设备成本高。

时分双工（TDD）收发信使用同一个频率，但使用不同时隙。优点是频谱利用灵活，上、下行使用相同的频率，传输特性相同，有利于使用智能天线，无收发间隔要求，支持不对称业务，设备成本低等。缺点是小区半径小，抗快衰落和多普勒效应的能力低于FDD，终端移动速度不能超过120 km/h。

4.频率复用技术

移动通信系统中，频率资源有限，为提高频谱利用率，在相隔一定距离后重新使用相同的频率组，这种采用同频复用和频率分组来提高频率利用率的方式，就是频率复用技术。实际应用中常采用4/12和3/9频率复用分组方式。即将12组频率轮流分配到4个基站和将9组频率轮流分配到3个基站，每个站点可用到3个频率组。频率复用会带来小区间的干扰，GSM系统要求，同频干扰保护比C/I ≥ 9 dB，邻频干扰保护比C/I ≥ −9 dB。

第三章　建筑电气基础设计

第一节　建筑照明系统

一、照明系统概述

照明是现代建筑中重要组成部分，为建筑物内外提供必需的光线，还可以对建筑物进行装饰，使建筑物更具有美感。电气照明设计是对光线进行设计和控制，使之符合建筑物和周围环境对光线的要求。为了更好地理解电气照明设计，必须掌握照明技术的一些基本概念。

（一）常用的光学物理量

光是一种电磁波，它的波长 380 ~ 780 nm（纳米），能给人不同颜色的视觉，称为可见光。波长大于 780 nm 的红外线，无线电波和波长小于 380 nm 的紫外线，X 射线都不能引起人眼的视觉反应，称为不可见光。人们通常说的光，都是指可见光。描述光量的多少有两种方式：一是以光的能量表达，通称为辐射量；二是以人眼的视觉效果表达，常称为光度量。在照明技术中都以光度量来描述光的强弱。

1.光通量

光源在单位时间内向周围空间辐射出的能使人眼产生光感的能量称为光通量，单位为流明（lm），它是表征光源特性的光度量，常用字母 Φ 表示。

光通量是光源发光能力的一个基本量。例如一只 220 V 40 W 的白炽灯的光通量为 350 lm，一只 220 V 36 W 的荧光灯的光通量为 2500 lm。

2.发光强度

光源在空间某一方向上单位立体角内发射的光通量，称为光源在这方向上的发光强度，其单位为坎德拉（cd），通常用字母I表示，发光强度的表达式为：

$$I = \mathrm{d}\Phi/\mathrm{d}\omega$$

式中：I——某一方向角度上的发光强度；

　　　　Φ——在某一立体角元内传播的光通量；

　　　　ω——给定方向的立体角元，sr。

发光强度平均值等于立体角元的光通量Φ除于立体角元ω。坎德拉（cd）等于流明（lm）除于（sr）。

以某一点为空间，相当于以该点为球心的球，球的表面积为$4\pi R^2$，所以空间的立体角为4π。

发光强度常用来说明光源和灯具发出的光通量在空间各方向或某方向上的分布密度。若以某一光源为原点，以各角度上的发光强度为长度的各点连成一曲面，称为该光源的光强曲面，也称配光曲面，配光曲面反应光源在各个方向的发光强度。例如一个均匀的发光源，其各个方向的发光强度是一样，其配光曲面是一个球形面。

为了提高某一方向的发光强度，可以加灯罩或反光设备。

3.照度

照度是用来表达工作面被光照射的程度，通常用单位面积上接受到的光通量表示，其单位为勒克斯（lx），即$\mathrm{lm/m^2}$，通常用字母E表示。平均照度计算公式为：

$$E = \Phi/S$$

式中：Φ——被照面接受的光通；

　　　　S——被照面的面积。

晴天阳光直照下的照度为10 000 lx，满月晴全月光下的照度为0.2 lx。要看清物体的真面目，需要50 lx。

国家对各种工作面的照度有具体要求，电气照明设计时要严格按照国家标准选择照明设备。

4.亮度

亮度是一个单位表面在某一方向上的光强度。单位为尼特，等于坎德拉/平方米（$\mathrm{cd/m^2}$），它与照度的区别是和被照物体材料的反光性能有关，照度是对被照物而言，亮度是对人的视觉而言。亮度（L）与照度（E）的关系式为：

$$L = (\rho E)/\pi$$

其中，ρ 为被照物体的反射系数。例如水泥面的反射系数为 0.3 ~ 0.4。ρ 也可以是透射系数。

亮度和照度均可作为评估建筑照明效果的评价指标。

5.光源发光效率

电光源发出的光通量 Φ 与该电光源消耗的电功率 P 的比值，单位为 lm/W。

6.灯具效率

灯具所反射的光通量与光源发射到灯具上光通量的比值称为灯具效率。

（二）照明质量指标

光有颜色，物体有颜色是人的视觉特性的反应。人的视觉是受大脑支配的，对于同一种颜色，不同人可能有不同反应。现在所说的颜色是绝大多数人认同的。不受其他因素影响。光的颜色有三个基本特性：色相、纯度、明度。色相是由光的波长决定的，例如红色波长为 700 nm，蓝色波长为 546.1 nm，绿色波长为 435 nm。纯度，是指色彩的纯净程度。单色光的纯度最高，当掺入其他色光，纯度就下降。明度，是指色彩的明亮的程度。它与光通量有关，光通量越大就越明亮。照明与光的特性有关，光的技术参数就是照明的质量指标。

1.光源的色温与显色性

光源的色温：光的颜色可以用光的波长表示，但是各种波长的光掺杂在一起，光的颜色无法再用波长表示，而是用色温表示。如果一个物体能够在任何温度下吸收全部任何波长的辐射，不发出辐射，那么这个物体称为绝对黑体。绝对黑体是不存在的，一般认为温度为绝对零度时的黑体为绝对黑体。当温度升高后，黑体不仅吸收光波，还会发出光波。不同温度发出的光波是不一样的。色温，是指光源发射光的颜色与黑体发出光的颜色相同时的黑体温度，也称该光源的色温，用绝对温标 K 表示。也就是将标准黑体（例如铁）加热，温度升高至某一程度时颜色开始由红→浅红→橙黄→白→蓝白→蓝。某光源的光色与黑体在某一温度下呈现的光色相同时，我们将黑体当时的绝对温度称为该光源的色温度。色温度在 3000 K 以下时，光色就开始有偏红的现象，给人以一种温暖的感觉。色温度超过 5000 K 时颜色则偏向蓝光，给人以一种清冷的感觉。色温在 3000 K ~ 5000 K，给人产生爽快感。照明设计就是要根据不同场合选择不同色温的光源，使人们获得最佳的舒适感。

光源的显色性：系指被光源照射物体显示颜色的性能，其显示的颜色越好，显色指标就越高，最高值为100。通常用 R_a 表示显色性。被照物体的颜色在日光下显现的颜色最准确、最真实。不同光源作用下，其显色效果就不一样。

光源的色温与显示指标是不同的概念，没有必然关系。

2.眩光

所谓眩光是一种使人的视觉产生不适感，甚至头晕的光线。一般是由于光线的亮度和分布不合适及照度不稳定产生的。眩光可分为直接眩光和反射眩光两种。直接眩光是由发光体发出的光线引起的，反射眩光是由发光体照射到被照物的反射光引起的。在电气照明设计中要避免眩光的出现。

3.照度和照度的均匀性

照度和亮度分布是否合理，对人们的视力健康和工作效率有直接影响。照度均匀度系指工作面上的最低照度与平均照度的比值。

4.照度的稳定性

照度的稳定性系指被照物上的照度随时间变化的程度。照度不稳定一般是由电源端电压不稳定或照明设备摆动或被照物转动或光源转动等原因引起的。

二、照明的光电源

除了太阳光外，建筑照明的光都是由电能转换而来的。由电能转换为光能的设备称为电光源，也称为照明灯。按其工作原理电光源分为以下三种：

1.热辐射发光光电源：它是利用电阻丝加热到白炽程度而产生热辐射发光的。电阻丝一般是钨丝。例如白炽灯、卤钨灯（碘钨灯、溴钨灯）。这类灯的结构简单，不需要辅助设备。

2.气体放电光电源：它是利用气体电离而产生放电发光的。例如荧光灯、低压钠灯、高压钠灯、高压汞灯、高压氙灯及金属卤化灯。这类灯的结构较复杂，多数需要辅助设备。

3.场致发光：它是将电能直接转换为光能。这种光能是特定的固态材料在电场的作用下正负电子复合时释放出来的光能量。还有多种类型的发光面板和发光二极管。由发光二极管制成的照明灯简称LED。这种特定固态材料是一种化合半导体。

常见的照明灯有以下10种：

（一）白炽灯

人类最早的电灯，价格便宜，光色好，显色性好，无频闪，但发光效率低，使用寿命短，大约1000 h，适用于家居、商场、宾馆等照明。由于性价比低，除了一些特殊场合，已逐步停止使用。

（二）卤钨灯

与白炽灯的差别是灯管里充有卤元素或卤化物。卤元素有氟、氯、溴、碘等。灯管充有碘的称为碘钨灯，充有溴的称为溴钨灯。碘钨灯在温度升至100℃时，碘与灯丝蒸发的钨合成为碘化钨，碘化钨极不稳定，当它接近灯丝最高温时，便立即分解为碘和钨，钨又回到灯丝上，使灯丝钨的损耗减慢，延长灯的寿命。与白炽灯比较，卤钨灯发光效率高了好几倍，光色更白一些，色调更冷一些，显色性更好，但不适宜调光，适用大面积照明和定向投影照明的场所。为了使在灯泡壁生成的卤化物处于气态，卤钨灯不适用低温场合。双端卤钨灯应水平安装，倾斜角度不得超过4°，其周围不准放置易燃物品。要防止震动和撞击，也不适用移动照明。

（三）荧光灯

灯管内壁涂有荧光粉，管内抽真空，加入一定数量的汞、氩、氖、氪等气体。由钨丝组成的两端电极发射电子，使气体电离，电离子撞击荧光粉而发光，并非电离气体直接发光。荧光灯的附件有启辉器和镇流器。它的优点是发光效率高，使用寿命较长，2000 ~ 10 000 h，光谱接近日光，有日光灯美称，显色性好。缺点是功率因数低，受电压变化影响大，会频闪，低温不易启动，附件有噪声。采用高性能的电子镇流器可以克服上述一些缺点。荧光灯常用于图书馆、商店、教室、地铁、隧道、办公室等照明。

（四）低压钠灯

一般低压钠灯由内外玻璃管、电极和灯头等组成，内层玻璃管充有钠，有的还充有氖氩混合气体以便于启动，内壁涂有氧化物以提高发光效率，外层玻

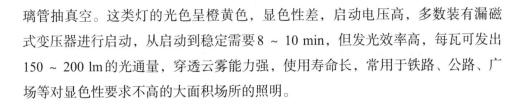

璃管抽真空。这类灯的光色呈橙黄色，显色性差，启动电压高，多数装有漏磁式变压器进行启动，从启动到稳定需要 8 ~ 10 min，但发光效率高，每瓦可发出 150 ~ 200 lm 的光通量，穿透云雾能力强，使用寿命长，常用于铁路、公路、广场等对显色性要求不高的大面积场所的照明。

（五）高压钠灯

与低压钠灯的差别是，高压钠灯玻璃管内充有高压钠蒸气，使灯管的体积缩小，光色和显色性得到一定的改善，紫外线辐射少。这类灯的光色呈偏黄，显色性不太好，受电压变化影响大，不适合要求快速点亮的场所，发光效率高，每瓦可发出 100 ~ 150 lm，穿透性能好，使用寿命长，被广泛用于高大的厂房、体育馆、车站广场及城市道路等场所的照明。

（六）高压汞灯

利用高压汞蒸气放电发光。光色为青蓝色，显色性差，发光效率低，不利于环保，已逐步被淘汰。

（七）金属卤化物灯

其原理和结构与高压汞灯是一样的。金属卤化物比汞难激发，所以金属卤化物灯也加入少量的汞，使之容易启燃。启燃后，金属卤化物放电辐射起主要作用。加入不同的金属卤化物就可以产生不同的光色。例如白色的钠-铊-铟灯，日光色的镝灯，绿色的铊灯，蓝色的铟灯。这类灯体积小、质量轻，发光效率较高，大约为每瓦70 lm，显色性较好，但熄灭后不容易再启燃，一般再启燃需 5 ~ 20 min。广泛应用在室外照明，如广场、车站、码头等大面积照明场所。

（八）氙灯

利用高压氙气放电发光，简称HID灯。结构上分为长弧灯（管状）和短弧灯（球状）。有直流和交流两种。其功率为1万瓦至几万瓦，光色接近日光，有小太阳美称，工作温度高，需要冷却，有自然冷却，风冷却和水冷却三种。光效率为每瓦20 ~ 50 lm，使用寿命为5000 ~ 10 000 h。须用触发器启动。广泛用于广场、港口、机场、体育馆等。

（九）霓虹灯

利用充入玻璃管内的低压惰性气体，在高压电场下冷阴极辉光放电而发光。霓虹灯的光色是由充入惰性气体的光谱特性及玻璃管颜色决定。它需要专用升压变压器供电。霓虹灯能产生五颜六色的光线，犹如天空的彩虹，因此得到霓虹之美称，它广泛用于需要灯光装饰的场合。

（十）LED 灯

利用二极管 P-N 结在正向电压作用下，N 区电子穿越 P-N 结向 P 区注入，与其空穴复合，而释放光能发光。这类灯体积小、质量小、耗电省、寿命长、亮度高、响应快，有替代白炽灯、荧光灯的趋势。现常用于广告显示屏、数码显示器件上。由于价格贵，广泛推广受到一定限制，随着价格的下降，将会得到广泛的采用。

电光源型号的表示方式：一般电光源型号由五个部分表示。第一部分由三个以下的字母组成表示电光源的类型，例如 PZ-普通白炽灯、PZF-反射照明灯、ZS 装饰灯、SY-摄影、LJG-卤钨灯、YZ-直管荧光灯、YU-U 形荧光灯、YH-环形荧光灯、YZZ-自镇流荧光灯、ZW-紫外线灯、GGY-荧光高压汞灯、GYZ-自镇流荧光高压汞灯、ND-低压钠灯、NG-高压钠灯、XG-管型氙灯、XQ-球形氙灯、ZJD-金属卤化物灯、DDG-管型镝灯。第二部分用数字表示电光源的额定电压，绝大多数都是 220 V，该部分可省略。第三部分用数字表示额定功率。第四部分用字母表示，第五部分用数字表示，这两部分用来表述该光电源的某些特性，例如有的第四部分表述该灯的发光颜色，RR 表示日光色，RL 表示冷光色，RN 表示暖光色，这两部分也可省略。例如灯泡的型号为 YZ40RR，YZ 表示为直管荧光灯，40 表示额定功率为 40 W，RR 表示该灯发光为日光色。

照明设备除了照明灯外，还有照明灯具。照明灯具是用来透光、分配和改变光源光分布的器具。包括固定和保护光源的零部件及与电源连接所必需的附件。灯具的主要作用为：①控制光线分布，利用灯具反射罩、散光罩、透光棱镜、栅格等将光源发出的光线重新进行分配，以满足被照物体对光线分布的要求，提高光源效率；②保护光源和保障安全，使光源安装时具有足够的机械强度，免受外界的机械损伤和污染，将光源产生的热量散发掉，减小光源的热损坏，防止触电和短路，保证人身安全和保护人的眼睛；③美化环境，灯具具有装饰功能，使照明环境更加优美。

灯具按照光通量在空间分布情况分为直接型、半直接型、均匀慢射型、间接型和半间接型。按照灯具的结构分为开启型、闭合型、封闭型、密闭型、防隔爆型、防振型和防腐型。按照安装方式分为壁灯、吸顶灯、嵌入式灯、吊灯、地脚灯、台灯、落地灯、庭院灯、道路广场灯、移动式灯、自动应急灯、彩灯、投光灯、专业用灯。按安全等级分为0、Ⅰ、Ⅱ、Ⅲ四类，0级安全等级最低，已不生产。一般采用Ⅰ、Ⅱ级。只有恶劣环境才采用Ⅲ级，它的电压低于50 V。

灯具的选择除满足使用功能和照明质量的要求，同时要便于安装和维护，尽量降低运行费用。

照明灯除了需要灯具外，还需要控制设备，通俗称为开关。它的功能是用来接通或断开照明灯与电源的连接。开关有下列几种类型：最常用的有手控开关，照明灯接通时间和断开时间由人控制；定时开关，照明灯接通和断开是由时间或光线亮度等自动装置控制的，多数用于道路照明和特定场合；限时开关，手动瞬时接通，延时自动断开，多数用于需要短时照明的场所；声控开关，由声音控制，接受到声音后瞬时接通，延时断开，多用于过道，电梯照明；光控开关，由光线控制，天黑接通，天亮断开，用于道路照明；红外线开关，当人进入照明区时，瞬时接通，当人离开照明区时，延时断开。

有些场合还需要调光装置，功能是调节光的强弱、光色、光投射的方向等，它由传感器、时间管理器、调光模块、场景切换控制面板、手持式编程器、液体显示触摸屏、PC监控机等部件组成。多数用于剧场、演唱会、娱乐场所、酒吧及体育馆等。

三、照明计算

照明计算是照明设计的主要内容之一，是正确进行照明设计的重要环节，是评价照明质量的依据。照明计算的目的是根据照明需要和其他条件来决定光电源的容量和照明灯的数量，并据此确定照明灯具的布置方案；或者在照明光电源的容量，照明灯数量和布置方案确定的情况下，评价照明质量和效果。

照明计算常用方法有利用系数法、单位容量法和逐点计算法三种。

（一）利用系数法

已知房屋的状况，照明灯的型号和数量，计算工作面的平均照度。这种方法适用于灯具均匀布置的一般照明。

1.平均照度的计算公式

$$E_{av} = (\Phi NUK)/A$$

式中：E_{av}——工作面的平均照度；

Φ——单盏照明灯的光通量；

N——照明灯数量；

U——光通量的利用系数；

K——照明灯的维护系数；

A——房间面积。

利用系数和维护系数如何确定是计算的要点。请看下面分析。

2.维护系数

它是反应光源光通量的衰减、灯具减光和房间表面陈旧所造成的光通量的损失，等于灯的流明衰减系数，灯具减光系数和房间表面光损失系数的乘积，与环境污染程度有关。例如室内清洁房间的维护系数为0.8，一般房间为0.7，污染房间为0.6。维护系数与照明灯类型、灯具、墙面光滑度、环境污染程度有关，已制成各种表格供设计者查阅。维护系数是与人为因素相关的系数。

3.利用系数

光源发射出来的光不可能全部照射在工作面上，有部分要被房间的顶棚、墙壁和地面所吸收。利用系数反应可用光的比例。可用光与顶棚、墙壁的反射系数有关。为此要先计算顶棚、墙壁的反射系数。利用系数是与客观因素相关的系数。

一个房间可划分为三个空间。设房间的长度为 l，宽度为 ω，高度为 h。从顶棚到灯具出光口的平面构成顶棚空间，设顶棚到灯具出光口平面之间的高度为 h_{cc}。从灯具出光口的平面至工作面（办公桌面或课桌面）之间构成室空间，设灯具出光口平面至工作面的高度为 h_{rc}。从工作面至地板构成地板空间，设工作面至地板的高度为 h_{fc}。那么 $h = h_{fc} + h_{cc} + h_{rc} + h_{fc}$。

根据上述划定的空间，定义空间系数为：

室空间系数为：

$$RCR = 5h_{rc}(l+\omega)/(l\omega)$$

顶棚空间系数为：

$$CCR = 5h_{cc}(l+\omega)/(l_0) = (h_{cc}/h_{rc})RCR$$

地板空间系数为：

$$FCR = 5h_{fc}(l+\omega)/(l\omega) = (h_{fc}/h_{rc})RCR$$

空间系数衡量空间大小的指标是，它直接影响到利用系数的高低。一般室空间系数越大，利用系数越低。

下面讨论平均反射系数和有效反射系数。以顶棚空间为例。顶棚空间有五个面，四个墙面和一个顶棚平面，每个平面的反射系数可能不相同，它的平均反射系数为：

$$\rho_{av} = \Sigma\rho_i A_i/\Sigma A_i$$

式中：ρ_i——第 i 平面的反射系数；

　　　A_i——第 i 平面的面积。

为了简化计算，将顶棚空间的光效果用一假想的平面代替，该平面就是灯具出光口平面。该平面的反射系数称为有（等）效空间反射系数。其计算公式为：

$$\rho_c = \rho_{av}A_0/(A_s - \rho_{av}A_s + \rho_{av}A_0)$$

式中：ρ_c——顶棚空间假想平面的有效空间反射系数；

　　　ρ_{av}——顶棚空间平均反射系数；

　　　A_0——灯具出光口平面的面积，等于顶棚平面的面积；

　　　A_s——顶棚空间内所有表面积的总面积。

利用系数与室空间系数、墙面反射系数、顶棚有效空间反射系数关系大，与其他空间系数和反射系数关系小，可忽略不计。因此，利用系数是室空间系数 RCR、墙面反射系数 ρ_W 和顶棚有效空间反射系数 ρ_c 的函数。这种函数关系很难用数学公式表示出来，只能通过实验，用图表格形式表示。照明设计手册有各种型号灯具的利用系数表格可查。

（二）单位容量法

为了避开烦琐的计算，可根据不同照明灯的型号、房间的高度与面积、不同的平均照度要求，应用利用系数法预先计算出单位面积所需的照明设备的功率，并制成表格，供设计时查用。设计时，根据已知条件在表格中查得单位面积所需的功率，再乘上房间的面积，就可以求得房间所需照明容量，这种方法称为单位容量法。

房间照明灯的总功率为：

$$P_{\Sigma} = P_0 A$$

式中：P_{Σ}——房间照明灯总功率；

$\quad\quad P_0$——单位容量，由表格查得；

$\quad\quad A$——房间面积。

由此可计算出照明灯数量为：

$$N = P_{\Sigma}/P_{\text{L}}$$

式中：P_{L}——单盏照明灯的功率。

（三）逐点计算法

逐点计算法是逐一计算各照明灯对照度计算点的照度，然后进行叠加，求得总照度。

为了简化计算，一般认为照明灯是点光源，这会带来一定的误差，但当计算点离光源足够远，这误差是允许的。

照明工作面 H 上有一盏照明灯，设照明灯为一点光源 S，离工作面的垂直距离为 h，工作面上有一点 P，离 S 点的距离为 R，SP 与垂直线的夹角为 θ，点光源 S 在工作面上各个点的光强度是不一样的，当 $\theta=0$ 时，光强度最大，随着 θ 增加，光强度逐步减弱；当 $\theta=90°$ 时，光强度为零。

设 P 点的光强度为 I_{θ}。光源 S 照射在工作面 H 的照度与光强度 I_{θ} 成正比，与 $\cos\theta$ 成正比，与距离 R 的平方成反比。据此可得照度公式为：

$$\text{E}_{\text{h}} = I_{\theta}\cos\theta/R^2$$

计算照度的关键是计算 I_{θ}，前人通过试验已将各种型号的照明设备的光强度 I_{θ} 制成表格，供后人使用，但是这些表格是在照明灯的光通量为 1000 lm 制成的，从表格上查找到的光强度还要进行修正，即乘上光源点照明灯的光通量，再除于 1000。

当有多盏相同型号的照明灯投向同一点时，该点的实际照度为：

$$E_{\Sigma} = (K\Phi\Sigma E_{\mathrm{h}})/100$$

式中：K——维护系数；

Φ——单盏照明灯的光通量，lm；

ΣE_{h}——各盏照明灯对计算点产生的照度之和。

四、建筑物照明设计

（一）一般建筑物内照明设计

1.根据房间的功能、房间高度、面积、照度要求、照明均匀性要求、光色要求，选择照明设备型号和数量。

2.确定照明设备和照明控制设备的布置方案。这包括照明设备的排列，采用光控或声控或手控。当采用手控时，应选定单控或双控，并确定控制设备的位置。

3.进行照明计算，校验实际照度是否满足要求。如果未能满足要求，应修正照明设备的数量和布置方案。

4.根据照明设备的容量，选定照明导线的型号和截面积，确定导线走向。

5.确定照明电源（配电系统设计时，就应确定）。

6.绘制照明安装图。制定设备和材料清单。

（二）照明系统设计时须注意的四个问题

1.照明设备的选择。一般应尽量选择高效能的照明灯。住宅、办公室可选低功率的紧凑型、环型、直管型荧光灯或LED灯。室外可选大功率的金属卤化物灯，大广场可选氙灯。广告、装饰场所可选霓虹灯或LED灯等。选择照明灯除了考虑光通量外，还应考虑光色，用于阅读、书写的地方应选白光；气氛热烈的地方除了白光，应配上红光；温馨的地方应选蓝光；幽静的地方应选绿光；会客闲聊的地方应选黄光。

2.照明灯的布置。住宅房间一般装一盏灯，可采用嵌入式吸顶灯，多数布置房间正中。大厅、客厅、餐厅，如果房间高度足够，可采用吊灯，布置在正中。灯的最下端离地面不得低于2.4 m。大教室、会议室等采用多盏照明灯时，若采用圆形灯，可采用点式均匀布置，若采用管形灯，可采用线式均匀布置。为了保证照度的均匀性，两盏灯之间的距离与灯至工作面的垂直高度之比值不得高于有关规定。为了造型美观，可将天棚和照明灯组合布置，将照明灯装在天棚透明玻璃内，组成正方形或矩形或圆形或口字形等各种形态的天棚。

3.导线选择和布置应考虑使用的安全。导线截面要留有余地，火线与中线要分别装在各自套管内。控制开关要装在火线上。

4.推广绿色照明。所谓绿色照明就是使用高效能的光源，高效灯具和现代化控制设备；节省照明电能，预防光污染，禁止使用造成污染的照明产品。例如选用节能灯，采用声控开关和限时开关，不使用含有重金属（如汞）的照明灯。

第二节　防雷与接地

一、雷电基本知识

雷电是一种自然现象，常常给人类生命财产造成巨大损失，对建筑物和建筑物内的设备也会造成严重破坏。为了减少由雷电造成的破坏，在建筑电气设计时采用防雷技术是至关重要的。雷击形式有直击雷、感应雷，还有雷电波入侵、高电位反击和球形雷击等。

（一）直击雷

天空中的云层是由雾状水滴形成的，是不带电的。但在大气的光、热、风、电磁场作用下，使得局部云层带上正电荷或负电荷，便形成所谓的雷云。据雷电研究者观察和分析，雷云的电荷分布分为三个区：最上部的正电荷区、中间的负电荷区和最下部的正电荷区。一般中间负电荷区的电量最多，对大气空间产生的电场起决定性作用，上部正电荷区的电量次之，下部正电荷区的电量最少。随着雷云迅速聚集和扩大，空间的电场强度快速上升，当局部区域的电场强度到达每厘米1万伏以上时，带正负电荷雷云之间的空气介质会被击穿，正电荷冲向负电荷，负电荷冲向正电荷，正负电荷迅速中和，正负电荷中和时释放大量能量，这能量以光能和热能形式出现。由于正负电荷中和过程是在几十微秒至几百微秒内一个很狭长的通道中完成，光能以闪光的形式出现，这就是人们看到的闪电；其热能将周围的空气加热，空气快速膨胀，产生巨大的声音，这就是人们听到的雷声。人们将天空云层发生的雷电称为云雷或天雷。

带有负电荷的云层向地面上的建筑移动时，在静电感应作用下，靠近带电云层的建筑物和地面就会带上正电荷。当云层与建筑物，地面之间的电场强度达到使其之间的空气层击穿时，云层的负电荷冲向地面，形成向下先导，地面的正电荷冲向云层形成向上先导。在正负电荷中和过程，同样会产生闪电和巨响，这种雷击称为地雷，它与军事上的地雷是同名不同性。向下先导和向上先导的会合点与建筑物的距离，称为闪击距离。雷电流幅值越大，闪击距离越大。

由负电荷雷云对地面形成的放电，称为负闪击或负极性雷击；相反，由正电荷雷云对地面形成的放电，称为正闪击或正极性雷击。根据观测记录，90%的闪击是负极性的。正极性雷击的放电电流比较大，最大幅值可达数百千安。

云层之间的雷击，云层与大地之间的雷击都称为直击雷。其雷电流都很大，造成的破坏作用也很大，致使人畜伤亡、房屋倒塌、设备损坏、森林大火等。

为了防避直击雷的危害，目前能采用的防雷方法有以下两种：一是消雷，即在有限的空间内使雷云所带的电荷中和，例如火箭消雷、激光消雷、人工干扰消雷等；二是避雷，通过人工接闪器进行放电，将雷电流导入大地，避免对建筑物的损坏，例如避雷针、避雷线、避雷带、避雷网等。

（二）感应雷

感应雷分为静电感应和电磁感应，它们是伴随直击雷而产生的。

1.静电感应

当带正电荷或负电荷的云层接近地面建筑物或其他物体时，都能使其表面感应而带上异性电荷，这就是静电感应现象。这种感应现象在什么情况下会产生雷电？例如在架空输电线的上方有一块带负电荷的雷云，此时架空输电线上就会感应而聚集大量的正电荷。这些正电荷受雷云的负电荷束缚，不能向别处移动。当雷云的负电荷与架空线以外的建筑物或地面发生雷击时，架空线上的雷云的负电荷就迅速被中和，架空线被束缚的正电荷便得到释放，沿着架空线的两端运动形成过电压冲击波，这种冲击波会使与导线相连接的用电设备遭到破坏。

2.电磁感应

在雷击时，雷电流由零迅速上升而后又下降，这变化的电流便在周围产生变化的磁场，变化的磁场就会在输电线、信号线、金属导管上感应脉冲电压，当构成回路时，便产生脉冲电流，从而使回路中的电气设备受损。

感应雷与直击雷有不同的特点，没有闪光和雷声；脉冲电压和电流相对较小，脉冲电压峰值一般为数千伏至上万伏，脉冲电流峰值一般为数千安至数十千安，放电时间较长，电气设备受损的概率较高。

目前对付感应雷的办法有以下两种：安装电涌保护器SPD（Surge Protective Device），其功能是限幅、分流，把感应电压幅值限制到安全值以下，并将感应电流泄放入地；进行电磁屏蔽，即把要保护的用电设备用金属网屏蔽起来，阻止感应雷入侵。

（三）雷电波侵入

当雷电击中户外架空线路、地下电缆或金属管道时，雷电波就会沿着这些管线入侵室内，使与其相连的用电设备遭到破坏，并使与用电设备相接触的人身遭受伤害，这称为雷电波入侵。除了直击雷外，感应雷也会出现雷电波入侵的情况。

防止雷电波入侵的方法有以下两种：在输电线、信号线入户处安装避雷器、电涌保护器；将电缆穿金属管道埋地引入，并将金属管道可靠接地。

（四）高电位反击

在装有防雷装置的场所，都有专用的接地点，各接地点都有一定数值的接地电阻，当通过防雷装置的雷电流泄放入地时，接地点将产生瞬时高电位，这高电位对用电设备或金属物体产生反击，导致相关的设备受损，并与其相接触的人身遭受伤害。

防止高电位反击方法有以下三种：尽量减少接地点的接地电阻；电气设备、金属物体与防雷装置的接地点保持足够的距离；建筑物应采用以基础钢筋为接地体的公用接地系统，并将室内电气设备金属外壳、支架、管道、电缆桥架等与共同接地系统进行等电位连接。

（五）球形雷击

球形雷是伴随大气中雷电现象产生的一种球形闪电，简称球闪。其外形像一团发光的火球，飘忽不定，遇到障碍物就会发生爆炸，对人身和设备造成伤害。

根据对直击雷放电电流的观察记录和分析可知，雷击时间一般为几 ms 至几百 ms，雷电流为几千安至几百千安。雷电流的波形大致可以分为两种：一种是短时雷击，也有将短时雷击分为首次短时雷击和后续短时雷击，其雷击波形基本一致，只是前者的电流峰值较高，后者的雷击时间较长；另一种是长时间雷击。所谓短时间雷击是雷电流从零急速上升到峰值，然后缓慢下降到零。所谓长时间雷击是雷电流从零跳跃到峰值，平稳一段时间，最后跳跃到零。

下面就雷击电流电压和能量进行分析。

1.雷云与地面直接雷击时电流的计算

假设一负极性雷云向下先导与地面避雷针的向上先导在某一点会合，该点称为雷击点。为了计算雷击电流，必须将这雷击过程用一等值电路模型描述。假设雷云电荷线密度为 σ（库伦/m），放电时的波速为 v（m/s），一般为 0.1 ~ 0.5 倍光速，则雷电流为 σv。放电通道具有分布参数特性，其波阻抗为 Z_s，一般取 300 ~ 400Ω，则先导通道两端的电压为 $\sigma v Z_0$。当雷击发生时，被击物体用一集中阻抗参数 Z_j 表示，此时被击物体流过的电流 i 为：

$$i = (\sigma \cup Z_0)/(Z_0 + Z_j)$$

2.感应电压计算

前面提到的感应雷的问题，现在讨论雷击电流从避雷针流过时，在其周围金属体产生感应电压如何计算问题。

根据电磁感应定律，避雷针周围金属体产生的电动势为：

$$e = M(di/dt)$$

式中：e——感应电动势，V；

$\qquad i$——避雷针流过的电流，A；

$\qquad M$——避雷针与金属体之间的互感系数，亨利（H）；

$\qquad di/dt$——电流的变化率。

设金属体是一正方形的金属框，并与避雷针垂直，其边长为 L（m），避雷针与金属框的边框之间的距离为 d（m），介质磁导率为 μ_0（真空磁导率为 $4\pi \times 10^{-7}$/m，其他介质应再乘上相对磁导率），根据电磁场理论可得互感系数为：

$$M = \mu_0 (L+d) L/(2\pi d)$$

若金属框面与避雷针成α度角，那么上式右边应乘上$\cos\alpha$。

di/dt在近似计算中可以用峰值电流除于波头时间代替。

3.雷击能量的计算

雷击电流i（单位为安）通过电阻为R（单位为Ω）的被击物体产生的功率（单位为W）为：

$$P = i^2 R$$

一次闪击所产生的能量（单位为J）为：

$$W = \int P dt$$

积分的时间上限T为雷击持续时间。

单位能量：雷击时单位电阻所产生的能量。即

$$W/R = \int i^2 dt$$

用单位能量来比较和评价不同雷电波的能量大小更有实际意义。应用上式计算单位能量有一定的困难。国际电工委员会推荐下面近似公式计算：

$$W/R = (5/7)I^2 T_2$$

式中：I——峰值电流；

T_2——半值时间。

一次雷击虽然时间很短，但产生能量很大，而且大部分转换为被击物体产生的热量，从而容易发生火灾，例如森林火灾。

现代防雷体系一般分为三个区域。一是高空防雷区，离地面2~14 km的大气空间为高空区，这一空间的雷击主要对飞机、飞行器、航天器、火箭等造成危害。防雷措施主要采用消雷方法。二是低空防雷区，地面至离地面2 km之间的大气空间为低空区，这一空间有直接雷击，还有雷电感应过电压，对人类和各种动物及财产造成直接危害。防雷措施有避雷针、避雷线、避雷带、避雷网、避雷器、电涌保护器等。三是地下防雷区，系指地面以下的防雷区域，例如地下隧道、地铁、地下矿井、地下电缆、地下光纤等。这一区域的防雷措施有避雷线（与电缆、光纤平行的金属导线），在电缆、光纤外加装金属管。

二、建筑物防雷措施

（一）建筑物外主要防雷措施

建筑物外主要是防直击雷。防直击雷的装置由接闪器、引下线和接地装置三部分组成。

接闪器有避雷针、避雷线、避雷带和避雷网。建在地面上的避雷针称为独立避雷针。第一类防雷建筑物和有特殊要求的建筑物应采用独立避雷针、架空避雷线（网），其他建筑物应尽量利用建筑物突出部永久性的金属体作为接闪器或在建筑物顶部加装避雷针、避雷带、避雷网。

避雷针一般为钢结构，由圆钢、钢管、板钢焊接或螺丝连接而成。主要技术要求是：有足够的载流能力，一般要能承受200 kA以上的雷电流；有足够抗风雪的能力，一般要求能承受35 ~ 40 m/s的风力。要满足电气连接的要求。对避雷针的外形无特殊要求，但要求便于维护，一般顶端为针形，向下逐步扩大。避雷针除了引导雷电流外，应该设计为装饰美化大地的建筑物。

非独立避雷针一般安装在建筑物的顶部，其技术要求与独立避雷针一样。

避雷线也称架空地线。多数用于输电线防雷保护。只有不适于采用避雷针的建筑物才采用避雷线。保护范围比避雷针大。

避雷带通常安装在建筑物的顶部四周，包括屋脊、屋檐、屋角。大的避雷带要有多处引下线。避雷带适用于高层建筑物。避雷带由圆钢、扁钢焊接而成。

避雷网通常是利用建筑物中的钢筋混凝土的钢筋网构成，要求建筑物内的钢筋焊接连成一体，不能有断点，这种网称为暗网。当钢筋离表层水泥厚度较大时，应增加明网。装有避雷网的建筑物如同处于等电位的金属笼，不会出现电压差的袭击。避雷网应与避雷带联合使用，既可以防直击雷，也可以防感应雷。这种防雷装置既省钱又美观，但施工时要严格把关。

引下线是接闪器与接地体的连接线。要求能承载雷电流的能力，有明线和暗线之分。暗线为建筑物柱钢筋为引下线，明线为截面100 mm²以上的圆钢或扁钢构成。避雷带和避雷网致至少有两根引下线，引下线之间不能大于18 m，当大于18 m时，应加第三根引下线。

有关接地体后面专门讨论。下面讨论避雷针、避雷线的保护范围。

避雷针的保护范围是根据雷电理论，模拟实验和雷击事故统计等三种研究结果进行分析规定出来的。下面介绍的避雷针保护范围计算方法是国际电工委员会（IEC）推荐的滚球法，也是我国建筑物防雷设计规范采用的方法。

滚球法就是将一半径为h的球体从避雷针针尖沿着避雷针向下滚动至球体与地面接触，然后球体绕着避雷针转动一圈，由球体与避雷针的触点至球体与地面的触点之间的球面绕地面一周与地面所构成的空间，定为避雷针的保护范围。避雷针保护范围与滚球的半径和避雷针高度有关。滚球半径越大，保护范围越大。我国建筑行业规定第一类防雷建筑物滚球半径为30 m，第二类防雷建筑物滚球半径为45 m，第三类防雷建筑物滚球半径为60 m。

（二）建筑物内的防雷措施

建筑物内主要防感应雷、雷电波入侵、雷电波高电位反击。直击雷放电的电磁脉冲会在周围的电力线路、用电设备、通信线路、电视广播线路、互联网络线路、电子设备等产生感应过电压，会危及人身安全和损坏电力、电子设备。虽然感应雷的电压电流没有直击雷那么大，但它分布范围广，侵入途径多，被侵袭的对象是电子元件，电子元件耐冲击电压比较低，但响应速度快，因此对防感应雷的保护设备要求比较苛刻，一般的避雷器不能适应，要求采用限压低、反应速度快的防雷装置。目前建筑物内的防雷措施有以下三种：

1.建筑物内的电源线路和信号线路装设电涌保护器（SPD）

电涌保护器是一种限压泄流装置，与线路并联，当电压高于被保护设备的限压时，电涌保护器对地导通，泄漏电流，使设备免受过电压损害。电涌保护器是一种最有效、最经济、最广泛使用的防雷保护措施。电涌保护器按用途分为电源线路电涌保护器和信号线路保护器。

电源线路保护器按工作原理分为电压开关型电涌保护器（Voltage Switching Type SPD）、电压限制型电涌保护器（Voltage Limiting Type SPD）和复合型电涌保护器（Combination SPD）。

开关型电涌保护器在结构上以气体间隙为基本元件。正常运行时，与电源线路并联的间隙完全处于开路状态，不影响电源线路的运行，电涌到来且其幅值达到间隙击穿电压时，间隙迅速击穿，转化为短路状态，雷电流快速流入大地。这种装置的优点是通流容量大，可达65 ~ 100 kA；缺点是伏-秒特性分散性大，不便于与保护对象配合。

限压型电涌保护器用金属氧化物（氧化锌）作为主要元件，最常用的是压敏电阻片（简称MOV）。这种电阻片具有非线性特性，在正常工作电压下呈现很高的电阻和非常小的电流，当过电压到来时呈现很小的电阻，将大电流迅速泄入大地。它具有较好的伏-秒特性，容易与保护对象配合。但长期在工作电压作用下有一定的泄漏电流，容易发热、老化，严重时会击穿崩溃。电涌保护器在雷电流作用下的最大限制电压应低于被保护设备的绝缘冲击耐受电压。

复合型电涌保护器在结构和原理上是上述两种电涌保护器的综合，具有上述两种电涌保护器的优点，但结构更复杂，只有对防雷要求非常高的地方才采用。

电源电涌保护器的主要技术参数有以下五个：①额定放电电流、放电时允许通过电流，有0.05 ~ 40 kA不等电流可选择；②额定电压，长期允许运行电压，有52 ~ 1500不等电压可选择；③持续运行电流，长期允许泄漏电流，这个电流值越小说明电涌保护器质量越好；④限制电压，也称残压，放电时电涌保护器两端的最大电压，这个电压值越低说明保护水平越高；⑤最大放电电流，也称冲击通流容量，表示SPD不发生实质性破坏所能承受的最大放电电流，反映SPD质量的一个重要标记。

信号线路电涌保护器用于弱电线路及其设备的防雷保护。弱电线路工作电压低，响应速度快，易受外界干扰，因此要求电涌保护器具有足够大的放电通流容量、足够低的限制电压、足够快的响应速度，不能影响弱电线路的正常工作。信号线路电涌保护器工作原理与电源线路电涌保护器是一样的，但不能采用压敏电阻片，因为压敏电阻片的电容大，干扰信号线路的信号。信号电涌保护器大多采用气体放电管、箝位二极管、晶闸管作为主要元件，具有复合型电涌保护器特性。信号有两种基本类型：连续时间信号和离散时间信号。随着信号的不同，其载体也不同，从而信号SPD也不同。可以分为电话SPD（用于固定电话和互联网）、同轴SPD（用于计算机网络、移动通信基站、卫星接收等）、双绞线SPD（用于计算机网络信息传输）、有线电视SPD（用于有线电视网络）。信号线路SPD主要参数除了上述参数外，还有一些特定参数：①响应时间，从过电压开始到电流泄入大地结束所需的时间；②插入损耗，SPD接入前负荷吸收的功率与接入后负荷吸收功率之比；③数据传输率；④反射损耗，根据不同场合选用不同特定参数的信号线路SPD。

2.电磁屏蔽措施

对于一些重要的电子线路及其设备，或者采用SPD不能满足要求的线路及其设备就应采用电磁屏蔽措施：将线路装在金属管内，将电子设备装在金属壳内，并将金属管、金属壳可靠接地。雷电电磁脉冲就不可能使线路及其设备产生感应过电压，只会在金属保护体上产生感应电流泄入大地，也可以采用电磁脉冲隔离装置和高频滤波装置避开电磁干扰。

3.接地和等电位连接措施

所有防雷装置都必须接地，才能保证雷电流泄入大地。如果没有接地装置，一切防雷措施都是没有效果的。等电位连接时将正常不带电的，未接地或未良好接地的金属外壳、电缆的金属外壳、建筑物的金属构架、管道桥架和管道与接地系统做电气连接，防止在这些物件上由雷电感应造成对设备内部绝缘的损坏，同时可以防止雷击电流入地所产生的高电压反击。

变电所的防雷措施：变电所的户外配电装置应装设防直击雷的保护装置，即避雷针或避雷线。户内配电装置是否装设防直击雷的保护装置视具体情况而定，如果雷电活动强烈地区或周围没有高层建筑物的变电所也应装设防直击雷的保护装置，这种防雷装置也可在屋顶装设避雷网。避雷针的接地电阻应小于10 Ω，或与其他接地网连接在一起。避雷针上如果有架设低压线路或信号线路，应对其采取保护措施，例如穿入金属管中。除了防直击雷外，还应防雷电侵入波，雷电侵入波是通过输电电路进入变电所的。为此，变电所的进线在离变电所2 km之内应架设避雷线，并在线路断路器的外侧装设管型避雷器或阀型避雷器，进线的母线还要装设阀型避雷器。

三、接地和等电位连接

埋在地下与土壤或混凝土或水体相接触的金属体称为接地体或接地极。电力系统的某些部分或金属构件或防雷保护装置等经引线与接地体相连称为接地。接地按用途分为工作接地、防雷接地和保护接地三大类型。电力系统中性点，直流输电系统某一极因运行需要而接地，信号电路中某一点作为基准电位而接地，称为工作接地。接闪器、电涌保护器、金属构件因防雷需要接地称为防雷接地。防止正常工作不带电的金属体因漏电而伤害人身安全将金属体接地或防止电气设备，电子设备受损而采用的接地，称为保护接地。专门为接地而装设的接地体称为人工接地体。因建设需要装设的与地下土壤接触的金属管、钢筋、金属构件也可兼做接地体称为自然接地体。连接接地体及设备接地部分的导线称为接地线。接地线和接地体合称为接地装置。有若干个接地体在大地中相互连接而组成的总体称为接地网。接地网中的连接线称为接地干线，由接地网延伸出去的连接线称为接地支线。为某一需求而设置的接地网称为独立接地网。多个接地网连成一体称为共用接地网或统一接地网。

对接地装置有三个要求。一是接地电阻要满足规程要求，一般工作接地和保护接地要求接地电阻不大于4Ω，防雷接地电阻不大于10Ω。二是要有足够的载流能力。电力系统中性点接地装置由于三相不平衡，正常运行接地线有电流通过，故障时短时间有很大电流通过，因此需要计算所承受的电流大小。防雷接地装置短时间要承受很大的冲击电流，特别独立避雷针要计算接地线的截面积。三是要求接地装置十分牢靠，防止腐蚀和断裂，要考虑接地装置的使用年限，一般要求与建筑物的使用年限一样。

由于大地存在可导电物质，接地电流流入大地后自接地体向四周流散，这个电流称为流散电流，它所遇到的电阻称为流散电阻。接地电阻是接地体的流散电阻、接地体电阻和接地线电阻的总和。由于接地体电阻和接地线电阻比较小，可略去不计，一般认为接地电阻就是接地体流散电阻。

接地电阻分为稳态接地电阻和冲击接地电阻。稳态接地电阻是指直流或低频电流流入大地表现的电阻。冲击电阻式指冲击电流，也就是雷电流流入大地表现的电阻。当电流流入大地就会在大地建立电场，接地体附近的电场最强，电位最高，电流密度最大，离开接地体越远的地方电场越弱，电位越低，电流密度越小。在工程上一般认为20 m之外的地方电位接近于零。由于电流的性质不同，在土壤中建立的电场也不一样，冲击电流作用下，电场强度很强，土壤局部放电，使土壤导电率增大或说导电面积增加，从而接地电阻下降，所以一般情况下冲击电阻比稳态电阻小。当接地体的长度足够长时，其电感磁场会影响电场分布从而使冲击电阻不降反升。雷电流是时间函数，接地体的冲击电阻也是时间函数。根据电工理论，可以计算出各种接地体的接地电阻，但由于土壤情况复杂，理论计算值与实际值有一定差距。目前有许多经验计算公式，设计时根据具体情况可参考使用。接地电阻与土壤电阻率、含水量、温度、含化学成分、紧密度等因素有关。要降低接地电阻应选择电阻率低的土壤，增加土壤紧密度，土壤含水量约50%，防止土壤冻结。

接地网一般用若干根2.5 m左右的钢管或圆钢或角钢垂直打入地下0.6 ~ 1 m深，然后再用扁钢或圆钢焊接成一体。每两根接地体之间的距离要大于4 m，如果太近，它们之间电场有屏蔽作用，使并联电阻增大，降低并联效果。接地体应沿着建筑物周围围成一个闭合环，形成一个环形接地网。为了防腐蚀，接地体要镀锌或涂防腐漆。接地网至少要有两个引线接头和测量接地电阻的测点。

电气设备及其电路常受电磁干扰。电磁干扰有导电性干扰和辐射性干扰。导电性干扰是通过导线将干扰能量从一电路传送到另一电路。最常见的是共阻抗耦合，系指两个电路电流流经同一个公共阻抗，一个电路的电流在这个阻抗上产生的电压会影响另一电路。这种干扰常见于直流与低频电流。辐射性干扰是一个电路高频电流产生的电磁场能量通过空气传送到另一电路上。这种干扰常见于高频电流。

一座建筑物由于各种需求要建立多个接地网，这些接地网是各自独立还是连成一个共用接地网？独立接地网和共用接地网各有优缺点。独立接地网不易受导电性的电磁干扰，而共用接地网使总的接地电阻降低，从而降低了反击电压，不易受辐射性干扰，有利于保护电气设备。一般说，采用共用接地网更好一些。易爆易燃场合的避雷设备应采用独立接地网。

被保护的电气设备很多，这样就出现一个问题，是各个设备都引一根接地线连接到接地平台（接地引线）上，还是附近几台设备接地线连在一起再连接到接地平台？前者称为多点接地，后者称为一点接地。一点接地有利于消除导电性干扰，而多点接地有利于消除辐射性干扰。应该根据具体场合选用接地方式。一般说电源线路及其连接设备保护应采用一点接地方式，信号线路及其设备保护应采用多点接地方式。特殊情况可以采用混合方式。

大地是人们公认的零电位参考点，埋在大地里的接地体就是零电位点，理论上说，连接在接地体的所有金属体处于同一电位，这种连接称为等电位连接。等电位连接是把建筑物内的所有金属体，如钢筋、自来水管、消防管道、空调管道、电梯、金属广告牌、电缆金属屏蔽层、电力系统中性线等用电气连接方法连成一体，并连接到接地体，使整个建筑物成为等电位体。为了便于实现等电位连接，建筑物内应设置多个等电位端子箱。把所有非带电的金属体连接到附近的等电位端子箱，然后再由等电位端子连接到接地体。等电位连接相当于将整座建筑物变成一个同一电位的笼子，是防雷、防电磁感应、降低跨步电压最有效的措施。等电位是理论上的说法，由于接地线存在电阻，各节点存有电位差，存在一定风险，但与不等电位连接比较风险要小一些。

第三节　弱电系统和楼宇自动化系统

一、弱电系统

人们常把电分为强电和弱电。从功能上划分，强电是用来提供电能的，弱电是用来提供信息的；从安全角度划分，强电是指高电压、大电流的电，弱电是指低电压、小电流。从而也将建筑电气工程分为强电工程和弱电工程。建筑弱电工程包括通信系统、电视系统、广播系统、互联网、计算机监控系统、楼宇自动化系统及消防报警系统。从某一角度说，楼宇自动化系统可以包括上述内容，以及更广泛的内容。在未实现楼宇自动化之前，这些弱电系统已经存在。因此这些弱电系统还是独立于楼宇自动化系统之外。

现代通信方式有有线电话、无线电话、卫星电话、微波电话和载波电话。与建筑电气设计相关的通信方式是有线电话，也就是固定电话。建筑物内的固定电话是电信电话网络的终端，只需要将电话线引进建筑物的电话交接箱，再由电话交接箱接至各用户的电话机。

电视系统：建筑物内的电视系统是将电视和广播信号传送到用户终端的系统。早期传送介质为同轴电缆，称为有线电视，现在发展为光缆、卫星和微波。该系统除了提供节目收看和点播外，还可以通过综合数字服务宽带网接入技术（HFC技术）与互联网相连。最终，电视、广播、电话、互联网合为一体。建筑物内的电视系统由分配放大器、分配器、分支器、用户终端、同轴电缆等组成。分配放大器用来放大电视信号，保证用户所需电平。分配器是将一路输入信号均等或不均等地分配为两路以上信号部件，以满足不同线路和用户的需要。常用的有二配器、三配器、四配器和六配器。分支器是将电缆中的电视信号进行分支，分支线与用户终端相连。终端设备为电视机的机顶盒。建筑物内的卫星电视系统需要一套卫星接收设备，包括卫星接收天线、馈源（卫星信号采集装置）、卫星接收高频头（降频器）、卫星电视接收机等。

互联网：建筑物内计算机要与互联网相连。有如下方法：①通过电话线与互联网相连，称为ADSL技术，它是将高速数字信号与电话信号共存在电话线中，且相互不影响，当信号传送到电信局，再经分离器，将电话信号传送到电话交换机，将高速数字信号传送到互联网；②HFC宽带网技术，该网络采用光纤电缆和同轴电缆混合组成，主干网采用光纤电缆，配线网采用同轴电缆，光纤电缆与同轴电缆交界处称为光分配点（ODN），装有光电交换装置，将光纤的光信号转换为电信号，传送到同轴电缆或将同轴电缆的电信号转换为光信号，转送到光纤电缆；③无线电网络接入。

二、楼宇自动化系统

现代化建筑物，例如一座大楼、住宅区，建成后如何管理是极其重要的，也是设计人员必须考虑和涉及的问题。现在都是由物业公司负责建筑物管理。管辖范围有公共设备的管理和维护、保安、保洁、环境绿化和美化、租户管理、协调业主关系、防灾防害。传统的管理方式都是由人工来完成的。最终的管理方式应是由自动化系统来完成。实现全盘自动化管理的建筑物称为智能建筑。当然自动化管理系统不仅包括上述管辖的范围，还有更广的范围，其中有办公自动化系统，通信自动化系统，环境（包括温度、湿度、通风、采光等）自动控制系统，垃圾自动回收、分类、再处理系统，污水废气自动回收、再处理、再利用系统，雨水回收再利用系统，太阳能回收再利用系统。楼宇自动化系统的实现可以减少管理人员，节省能源，降低运行费用，提高工作效率，营造安全、舒适、优美的环境，并能满足各业主的要求，但是要增加自动化系统的投资费用。建筑物设计阶段设计人员应就楼宇自动化系统进行初步设计，提出几种方案供投资方和有关部门讨论，然后确定一种自动化系统方案，最后进行施工设计，施工设计可以由专门楼宇自动化系统研究设计部门进行。

楼宇自动化技术发展如此迅速的主要原因有以下三方面：

1.大量高层建筑物的出现，依赖人工方式进行管理是十分困难的，而且人们对于建筑物的安全、优质服务，舒适环境要求越来越高，实现自动化必然提到日程上来。

2.新科学技术，如特别自动控制理论和技术、计算机技术、数字技术、多媒体技术、现代通信技术、影像技术等的迅速发展，为楼宇自动化技术提供技术支持，使楼宇自动化实现成为可能。

3.社会上各行各业都在向自动化方向发展，建筑行业不能停留在传统的建筑上，跟上时代发展是必然的方向，向"智能建筑"方向发展是大势所趋。现代一些建筑物虽然还没有全盘实现楼宇自动化，但或多或少部分实现楼宇自动化，楼宇自动化不是离我们很远，而是处在楼宇自动化中。当你走进建筑物内，就有监控装置在监视着你；当你进入楼宇，就有门禁系统在管辖着你；当你的汽车进入车库，就有停车场自动管理系统在管辖着你。所以楼宇自动化已成为建筑电气设计不可缺少的一部分。

楼宇自动化的基本功能有如下一些内容：

（一）公共设备的自动监控

公共设备的工作状态、运行参数、异常和故障信息等能在中央监控室以表格、数字、声音、图像显示出来，并由值班人员进行操作控制。这些信息可以保存起来，也可以传送到有关部门。公共设备有变电站的电气设备、供给水水泵、冷热空调设备、湿度控制设备、电梯、污水处理设备、照明设备、垃圾回收分类再处理设备、雨水回收再利用设备、太阳能回收利用设备、消防设备等。一般变电站的电气设备都有自动监控系统，并实现无人值守，其监控信息可以直接传送到楼宇自动化监控值班室。

（二）安全自动监控系统

安全自动监控系统包括闭路电视监控、门禁系统、防盗报警系统、保安巡更系统、电梯安全运行监控、应急电源监控系统。安全自动监控系统24 h连续工作，一旦出现异常情况或险情立即告知值班人员，以便采取对策确保建筑物内人员和财产的安全。

1.门禁系统

门禁系统也称出入口控制系统，用于对进入建筑物内的人员进行识别和控制通道门开启。它具有如下功能：能对持卡人实行分级管理，不同身份的人员有不同的通行权；能检测通道门的状态，当出现非法入侵时，能发出报警；当发生火灾时，能自动开启通道门，以便人员疏散；有的还具有签到和考勤功能。门禁系统是由中心智能控制装置、控制总线、各个门道的前端装置等组成。每个通道的前端装置由辨识装置、电子锁、出口按钮等组成。辨识装置有磁卡、智能IC卡、指纹识别机、声音识别机、视网络辨识机。

门禁系统中还有一个楼宇可视对讲子系统。其常用于住宅小区。来访人员通过门口主机与住户主人建立声音、视频通信，由主人确认来访人的身份后，决定是否打开电控门锁，如果允许打开电控门锁，当来访者进入后，闭门器会自动关闭。可视对讲系统由门口主机、室内分机、电控锁、控制中心主机、不间断电源等组成。

2.防盗报警系统

防盗报警系统是利用智能探测器对建筑物内的重点部位进行探测，一旦发现有人非法入侵时，能自动报警。它具有如下功能：对安防区进行灵活的布防与撤防；布防后具有延时功能，以免误报；自动侦测功能，当有人对设备和线路进行破坏时，能及时报警；有联动功能，能与上一级或同一级的系统交换信息和联动。该系统由智能探测器、区域控制器、报警控制中心等组成。防盗报警系统的关键部件是探测器，要求它能探测楼宇内的异常情况，例如安装在门窗上的门磁开关探测器，还有红外线探测器、振动探测器、微波探测器、玻璃破碎探测器等。

3.可视监控系统

可视监控系统也称闭路电视监控系统，利用安装在建筑物内外重要位置的摄像头，将监控画面传送到控制中心的电视墙进行实时监控，以便及时发现异常情况，为查找可疑人员提供依据。该系统由摄像头、传输设备、显示记录设备和控制主机等组成。

4.电子巡更系统

安全系统除了监控系统外，还需要保安人员的巡视，以便增强威慑力量。电子巡更系统一方面是加强监视效果；另一方面，是加强保安人员的管理，保证保安人员按时，定点进行巡视。电子巡更系统有在线和离线两种。在线电子巡更系统需要在各个巡更点安装控制器，并通过有线方式与安防控制中心的计算机相连，当保安人员到巡更点时，用自己的巡更卡将个人信息输入控制器，再传送到控制中心，还能与控制中心对话，实现实时效果。离线电子巡更系统须在巡更点安装巡更钮，当保安人员到巡更点时，利用巡更棒将巡更钮的信息读入，待回到安防中心后再将巡更棒的信息传入计算机，才算完成巡更任务。一般保安人员都配有对讲机，以便与控制中心和其他保安人员进行通信。

5.停车场自动管理系统

停车场自动管理系统用来保证出入车辆的安全，使车辆有序停泊，防止车辆被盗，有的还能实现手动或自动收费功能。该系统能区分内部车辆或外部车辆和记录车辆特征，能统计进出车辆数量，并显示停车场空位数量。该系统由入口、出口控制机、数字道闸、数字车辆检测器、读卡系统、收费系统和车牌识别系统等组成。

（三）办公自动化系统（OAS）

办公自动化系统分为物业公司的办公自动化系统和业主（或租户）办公自动化系统。业主专用办公自动化系统由业主自身进行设计，而楼宇自动化设计部门必须为其提供必要的接口和布线空间。这里所说的办公自动化系统是物业公司的办公自动化系统。该系统包括财务管理、人力资源管理、文件管理、租户管理、信息管理、邮件管理等。该系统利用计算机网络、数字技术和多媒体技术，提供集文字、声音、报表、图像为一体的办公手段，为上一级管理层和物业公司管理层提供决策、规划的依据，增加管理的透明度，能及时与业主沟通，为业主提供优质服务。

（四）通信自动化系统（CAS）

该系统是楼宇内与外界信息交换系统及楼宇内人员信息交换的系统，其包括语音交换——固定电话、移动电话、互联网、广播、电视等；文字交换——互联网、电视、传真、信件等；图像交换——可视电话、电视、互联网等。这些交换有单向的，也有双向的。实现交换的手段有有线网——光纤宽带网、铜芯（同轴）电缆网；无线网——卫星网。目前这些信息交换系统各自组成独立网络，楼宇自动化系统设计时要保证这些独立网络能安全可靠地接入楼宇内，实现全覆盖；如果出现异常或故障能在中央监控室显示出来，以便及时处理，并利用公共网络建立楼宇内的通信网络，为楼宇内人员之间提供免费信息交换服务。最终对通信系统进行整合，例如有线电视在一个小区或一座建筑物只装一台机顶盒即可，不必每台电视机装一台机顶盒；同样固定电话实现小区内的用户可以免费互打，互联网在一个小区内只设一个Wi-Fi，不必户户设Wi-Fi。

（五）家居智能系统

现有住宅小区的每套单元的用电设备都是就地控制和调节的，未来会将所有用电设备构成物联网，用手机通过互联网对各用电设备与房屋进行监控和调节，使居住更加安全、舒适、方便。

楼宇自动化有许多子系统，都是由各个厂家、研究部门开发。为了将这些控制系统统一在一个平台上，现在广泛采用智能系统集成技术，也就是整合技术，即将各种软件整合在一个平台上，将各种设备的控制回路整合在一个平台上，将各种数据整合在一个平台上。实现智能系统集成技术最广泛采用的是集散型控制系统。集散型控制系统最新采用的是现场总线技术。它实现分层管理，是一种开放式实时网络系统，它便于各子系统升级换代及新的子系统接入。

三、建筑物弱电系统的布线

建筑电气弱电系统设计最后的落脚点就是弱电系统的布线系统，它包括与建筑外相连接弱电线路和建筑内的弱电线路。传统的布线方式是一条线路对应一个设备的布线方式，综合布线方式是线路与设备分离的布线方式，是一种标准化、模块化的布线方式。综合布线由不同的传输介质和相关的连接部件组成，传输介质为各种系列和规格的线缆，连接部件有配线架、连接器、插座、插头、交换器、适配器及电气保护设备等。

目前综合布线系统分为六个子系统。

1.建筑群干线子系统：指连接各相关建筑物之间的缆线。包括电缆、光纤及其保护装置。

2.设备间子系统：是连接建筑物内公共设备所需硬件的集合场所。包括从建筑物外引进的缆线，交换设备，连接其他子系统的缆线等。设备间一般设在建筑物的一、二层。

3.垂直干线子系统：用来连接不同楼层子系统和设备的缆线、配架等。

4.管理区子系统：各楼层设有一个管理区，即配线间。它的作用是将从垂直干线子系统来的缆线经过分配器分别连接至该楼层的各个房间，并可调整所连接的设备。

5.水平子系统：指配线间至同一楼层各房间信息插座之间的缆线。

6.工作区子系统：指信息插座至终端设备之间所需的设备，包括插座、插头、连接跳线和适配器等。一般要求多装一些信息插座，以备增加终端设备之用。

综上所述，综合布线具有如下优点：

①结构简单，层次分明，容易安装施工，便于维护，运行中出现问题容易查找，运行的可靠性极高。

②同型缆线具有兼容性，例如同轴电缆可作为有线电视连接线，也可作为互联网连接线；普通电缆可作为甲设备的控制线，也可作为乙设备的控制线。增加新设备无须再安装新线路。

③具有开放性特性，只要符合国际标准的产品都可以在布线系统中使用。

④虽然综合布线要留有余度，要增加一些投资，但是它维护费用低，性价比高，从整体和长远角度看它的经济性好。

⑤能适应科技日益发展的需求，由于新科技产品的使用，无须更换布线系统。

推广综合布线系统是建筑电气设计发展的方向。

第四章　建筑电气消防工程设计

第一节　智能建筑消防工程认知

一、智能建筑消防系统认知

（一）消防系统的形成与发展

早期的防火、灭火都是人工实现的。当火灾发生的时候，人们自发或有组织地采取一切可能的措施以达到迅速灭火为目的，这便是消防系统的雏形。随着科学技术的发展及对防火要求的提高，人们逐渐学会使用电气设备监视火情，用电气自动化设备发出火警信号，在人工统一指挥下，用灭火器械去灭火，这便是较为发达的消防系统。

消防系统无论是从消防器具、线制还是类型的发展上大体可分为传统型和现代型两种类型。传统型主要指开关量多线制系统，而现代型主要是指可寻址总线制系统及模拟量智能系统。

智能建筑、高层建筑及其群体的出现，展现了高科技的巨大威力。"消防系统"作为智能建筑安全防范系统中的一个子系统，必须与建筑技术同步发展，这就使从事消防的工程技术人员努力将现代电子技术、自动控制技术、计算机技术及通信网络技术等综合运用，以适应智能建筑的发展。

目前自动化消防系统，可实现自动检测现场、确认火灾、发出声或光或声光的报警信号，并启动灭火设备自动灭火、排除烟气、封闭火区、切除非消防设备供电等功能，还能与城市或地区消防队进行通信联络，发出救灾请求。

组成消防系统的设备、器具结构紧凑，反应灵敏，工作可靠，同时还具有良好的性能指标。智能化设备及器具的开发与应用，使自动化消防系统的结构趋向于微型化、多功能化。

自动化消防系统在设计中，大量融入了计算机控制技术、电子信息技术、通信网络技术及现代自动控制技术，促使消防设备及仪器的生产系列化、标准化。

（二）消防系统的组成

消防系统主要由三部分构成：第一部分为感应机构，即火灾自动报警系统；第二部分为执行机构，即灭火自动控制系统；第三部分为避难引导系统。其中第二、第三部分也可合并称为消防联动系统。

火灾自动报警系统由探测器、手动报警按钮、报警器和警报器等构成，以完成检测火情并及时报警的任务。

现场消防设备种类繁多。它们从功能上可分为三类：第一类是灭火系统，包括各种介质，如液体、气体、干粉及喷洒装置，是直接用于灭火的；第二类是灭火辅助系统，用于限制火势、防止灾害扩大的各种设备；第三类是信号指示系统，用于报警并通过灯光与声响来指挥现场人员行动的各种设备。

对应这些现场消防设备需要有关的消防联动控制装置，主要有以下10种：

1.室内消火栓灭火系统的控制装置。

2.自动喷水灭火系统的控制装置。

3.卤代烷、二氧化碳等气体灭火系统的控制装置。

4.电动防火门、防火卷帘门等防火区域分割设备的控制装置。

5.电梯的控制装置、断电控制装置。

6.火灾事故广播系统及其设备的控制装置。

7.通风、空调、防烟、排烟设备及电动防火阀的控制装置。

8.消防事故广播系统及其设备的控制装置。

9.备用发电控制装置。

10.事故照明装置等。

在建筑物防火工程中，消防联动系统可由上述部分或全部控制装置组成。

综上所述，消防系统能：自动捕捉火灾探测区域内火灾发生时的烟雾或热气，从而发出声、光报警并控制自动灭火系统，同时联动其他设备的输出接点，控制事故照明及疏散标记、事故广播及通信、消防给水和防排烟设施，以实现检测、报警、人员疏散、阻止火势蔓延和灭火的自动化。

（三）消防系统的分类

消防系统的类型，若按报警和消防方式可分为两种。

1.自动报警、人工消防

中等规模的旅馆在客房等处设置火灾探测器，当火灾发生时，在本层服务台处的火灾报警器发出信号，同时在总服务台显示出某一层发生火灾，消防人员根据报警情况采取消防措施。

2.自动报警、自动消防

这种系统与上述系统的不同点在于：在火灾发生时自动喷洒水进行消防，而且在消防中心的报警器附近设有直接通往消防部门的电话，消防中心在接到火灾报警信号后，立即发出疏散通知并开动消防水泵和电动防火卷帘门等消防设备，从而实现自动报警、自动消防。

（四）火灾自动报警系统的组成

火灾自动报警系统由触发器件（探测器、手动报警按钮）、火灾报警装置（火灾报警控制器）、火灾警报装置（声光报警器）、控制装置（各种控制模块、火灾报警联动一体机，自动灭火系统的控制装置，室内消火栓的控制装置，防烟排烟控制系统及空调通风系统的控制装置，常开防火门、防火卷帘的控制装置，电梯迫降控制装置及火灾应急广播、火灾警报装置、消防通信设备、火灾应急照明及指示标志的控制装置等）、电源等组成。

火灾探测器的作用：它是火灾自动探测系统的传感部分，能在现场发出火灾报警信号或向控制和指示设备发出现场火灾状态信号，可形象地称它为"消防哨兵"，俗称"电鼻子"。

手动报警按钮的作用：是向报警器报告所发生火情的设备，只不过探测器是自动报警而它是手动报警，其准确性更高。

警报器的作用：当发生火情时，它能发出区别环境声光的声或光的报警信号。

控制装置的作用：在火灾自动报警系统中，当接收到来自触发器件的火灾信号或火灾报警控制器的控制信号后，能通过模块自动或手动启动相关消防设备并显示其工作状态。

电源的作用：火灾自动报警系统属于消防用电设备，其主电源应当采用消防电源，备用电源一般采用蓄电池组；系统电源除火灾报警控制器供电外，还为与系统相关的消防控制设备供电。

二、建筑防火

建筑防火是指在建筑设计和建设过程中采取的防火措施，以防止火灾发生和减少火灾对人民生命财产的危害。通常，建筑防火措施包括被动防火和主动防火两方面。建筑被动防火措施主要是指建筑防火间距、建筑耐火等级、建筑防火构造、建筑防火分区分隔、建筑安全疏散设施等；建筑主动防火措施主要是指火灾自动报警系统、自动灭火系统、防烟排烟系统等。

（一）燃烧、火灾及火灾的危险性

1.燃烧的条件

（1）可燃物

凡是能与空气中的氧或其他氧化剂起化学反应的物质，均称为可燃物。如木材、纸张、塑料、煤炭、汽油、天然气、硫黄等。可燃物按其化学组成，分为无机可燃物和有机可燃物两大类；按照其所处的状态，又可以分为可燃固体、可燃液体与可燃气体三大类。

（2）助燃物（氧化剂）

凡是与可燃物结合能够导致和支持燃烧的物质，称为助燃物，如广泛存在于空气中的氧气。一般来说，可燃物的燃烧均是指在空气中进行的燃烧。在一定条件下，各种不同的可燃物发生燃烧，均有本身固定的最低氧浓度要求，当氧含量过低时，即使其他条件已经具备，燃烧仍不会发生。

（3）引火源（温度）

凡是能引起物质燃烧的点燃热源，统称为引火源。

在一定条件下，各种不同可燃物发生燃烧，均有本身固定的最低点火温度要求，只有达到一定温度才能引起燃烧。常见的引火源有下列六种：

①明火。

②电弧。

③雷击。

④高温。

⑤自然引火源。

⑥电火花。

（4）链式反应自由基

自由基是一种高度活泼的化学基团，能与其他自由基和分子起反应，从而使燃烧按链式反应的形式扩展，也称游离基。

研究表明，大部分燃烧的发生和发展除了具备以上三个必要条件外，其燃烧过程中还存在未受抑制的自由基作为中间体。多数燃烧反应不是直接进行的，而是通过自由基团和原子这些中间产物瞬间进行的循环链式反应。

2.燃烧的类型与方式

（1）燃烧类型

①着火。可燃物在与空气共存的条件下，当达到某一温度时，与引火源接触既能引起燃烧，并在引火源接触离开后仍能持续燃烧，这种持续燃烧的现象称为着火。着火就是燃烧的开始，并且以出现火焰为特征。着火是日常生活中最常见的燃烧现象。可燃物的燃烧方式一般分为下列两类。

A.点燃（或称强迫着火）。点燃是指由于从外部能源，诸如电热线圈、电火花、炽热质点、点火火焰等得到能量，使混气的局部范围受到强烈的加热而着火。这时就会在靠近引火源处引发火焰，然后依靠燃烧波传播到整个可燃混合物中，这种着火方式也习惯上称为引燃。

B.自燃。可燃物质在没有外部火花、火焰等引火源的作用下，因受热或自身发热并蓄热所产生的自然燃烧，称为自燃。即物质在无外界引火源的条件下，由于其本身内部所发生的生物、物理或化学变化而产生热量并积蓄，使温度不断上升，自然燃烧起来的现象。自燃点是指可燃物发生自燃的最低温度。

化学自燃。例如金属钠在空气中自燃、煤炭因堆积过高而自燃等。这类着火现象通常不需要外界加热，而是在常温下依据自身的化学反应发生的，因此习惯上称为化学自燃。

热自燃。如果将可燃物和氧化剂的混合物预先均匀地加热，随着温度的升高，当混合物加热到某一温度时便会自动着火（这是着火发生在混合物的整个容积中），这种着火方式习惯上称为热自燃。

②爆炸。爆炸是指物质由一种状态迅速地转变成另一种状态，并在瞬间以机械功的形式释放出巨大的能量，或气体、蒸气瞬间发生剧烈膨胀等现象。爆炸最

重要的一个特征是爆炸点周围发生剧烈的压力突变，就是爆炸产生破坏作用的原因。作为燃烧类型的爆炸主要是指化学爆炸。

（2）燃烧方式

可燃物质受热后，因其聚集状态的不同，而发生不同的变化。绝大多数可燃物质的燃烧都是在蒸气或气体的状态下进行的，并出现火焰。而有的物质则不能变为气态，其燃烧发生在固相中，如焦炭燃烧时，呈灼热状态。

①气体燃烧。可燃气体的燃烧不需要像固体、液体那样经熔化、蒸发过程，其所需热量仅用于氧化或分解，或将气体加热到燃点，因此容易燃烧且燃烧速度快。根据燃烧前可燃气体与氧混合状况不同，其燃烧方式分为扩散燃烧和预混燃烧。

A.扩散燃烧即可燃性气体和蒸气分子与气体氧化剂互相扩散，边混合边燃烧。在扩散燃烧中，化学反应速度要比气体混合扩散速度快得多。整个燃烧速度的快慢由物理混合速度决定。气体（蒸气）扩散多少，就烧掉多少。人们在生产、生活中的用火（如燃气做饭、点气照明、烧气焊等）均属这种形式的燃烧。

扩散燃烧的特点：燃烧比较稳定，扩散火焰不运动，可燃气体与气体氧化剂混合在可燃气体喷口进行。对稳定的扩散燃烧，只要控制好，就不至于造成火灾，一旦发生火灾也较易扑救。

B.预混燃烧又称爆炸式燃烧。它是指可燃气体、蒸气或粉尘预先同空气（或氧）混合，遇火源产生带有冲击力的燃烧。预混燃烧一般发生在封闭体系中或在混合气体向周围扩散的速度远小于燃烧速度的敞开体系中，燃烧放热造成产物体积迅速膨胀，压力升高，压力可达709.1～810.4 kPa，通常的爆炸反应即属此种。

预混燃烧的特点：燃烧反应快、温度高，火焰传播速度快，反应的混合气体不扩散，在可燃混合气中引入一火源即产生一个火焰中心，成为热量与化学活性粒子集中源。如果预混气体从管口喷出发生动力燃烧，若流速大于燃烧速度，则在管中形成稳定的燃烧火焰，由于燃烧充分、燃烧速度快，燃烧区呈高温白炽状，如汽灯的燃烧即是如此；若可燃混合气在管口流速小于燃烧速度，则会发生"回火"，如制气系统检修前不进行置换就烧焊，燃气系统与开车前不进行吹扫就点火，用气系统产生负压"回火"或者漏气未被发现而用火时，往往形成动力燃烧，可能造成设备损坏和人员伤亡。

②液体燃烧。易燃、可燃液体在燃烧过程中，并不是液体本身在燃烧，而是

液体受热时蒸发出来的液体蒸气被分解与氧气达到燃点而燃烧，即蒸发燃烧。因此，液体能否发生燃烧、燃烧速率的高低，与液体的蒸气压、闪点、沸点和蒸发速率密切相关。可燃液体会产生闪燃的现象。

可燃液态烃类燃烧时，通常产生橘色火焰并散发浓密的黑色烟云。醇类燃烧时，通常产生透明的蓝色火焰，几乎不产生烟雾。某些醚类燃烧时，液体表面伴有明显的沸腾状，这类物质的火灾较难扑灭。在含有水分、黏度较大的种质石油产品，如原油、重油、沥青油等发生燃烧时，有可能出现沸溢现象或喷溅现象。

A.闪燃是指易燃或可燃液体（包括可熔化的少量固体，如石蜡、樟脑、萘等）挥发出来的蒸气分子与空气混合后，达到一定的浓度时，遇引火源产生一闪即灭的现象。发生闪燃的原因是易燃或可燃液体在闪燃温度下蒸发的速度比较慢，蒸发出来的蒸气仅能维持一刹那的燃烧，来不及补充新的蒸气维持稳定的燃烧，因而一闪就灭了。但闪燃却是引起火灾事故的先兆之一。闪点则是指易燃或可燃液体表面产生闪燃的最低温度。

B.沸溢。以原油为例，其黏度比较大，并且都含有一定的水分，以乳化水和水垫两种形式存在。所谓乳化水是原油在开采运输过程中，原油中的水由于强力搅拌成细小的水珠悬浮于油中而成的。放置久后油水分离，水因密度大而沉降在底部形成水垫。

燃烧过程中，这些沸度较宽的重质油品产生热波，在热波向液体深层运动时，由于温度远高于水的沸点，因而热波会使油品中的乳化水汽化，大量的蒸气就要穿过油层向液面上浮，在向上移动过程中形成油包气的气泡，即油的一部分形成了含有大量蒸气气泡的泡沫。这样，必然使液体体积膨胀，向外溢出，同时部分未形成泡沫的油品也被下面的蒸气膨胀力抛出，使液面猛烈沸腾起来，就像"跑锅"一样，这种现象称为沸溢。

从沸溢过程说明，沸溢形成必须具备以下三个条件：

a.原油具有形成热波的特性，即沸程宽，密度相差较大。

b.原油中含有乳化水，水遇热波变成水蒸气。

c.原油黏度较大，使水蒸气不容易从下向上穿过油层。

③固体燃烧。根据各类可燃固体的燃烧方式和燃烧特性，固体燃烧的形式大致可分为五种，其燃烧各有特点。

A.蒸发燃烧。硫、磷、钾、钠、蜡烛、松香、沥青等可燃固体，在受到火源加热时，先熔融蒸发，随后蒸气与氧气发生燃烧反应，这种形式的燃烧一般称为蒸发燃烧。樟脑、萘等易升华物质，在燃烧时不经过熔融过程，其燃烧现象也可看作一种蒸发燃烧。

B.表面燃烧。可燃固体（如木炭、焦炭、铁、铜等）的燃烧反应是在其表面由氧和物质直接作用而发生的，称为表面燃烧。这是一种无火焰的燃烧，有时又称为异相燃烧。

C.分解燃烧。可燃固体，如木材、煤、合成塑料、钙塑材料等，在受到火源加热时，先发生热分解，随后分解出的可燃挥发分与氧发生燃烧反应，这种形式的燃烧一般称为分解燃烧。

D.熏烟燃烧（阴燃）。可燃固体在空气不流通、加热温度较低、分解出的可燃挥发分较少或逸散较快、含水分较多等条件下，往往发生只冒烟而无火焰的燃烧现象，这就是熏烟燃烧，又称阴燃。

E.动力燃烧（爆炸）。动力燃烧是指可燃固体或其分解析出的可燃挥发成分遇火源所发生的爆炸式燃烧，主要包括可燃粉尘爆炸、炸药爆炸、轰燃等情形。其中，轰燃是指可燃固体由于受热分解或不完全燃烧析出可燃气体，当其以适当比例与空气混合后再遇火源时，发生的爆炸预混燃烧。例如能析出一氧化碳的赛璐珞、能析出氰化氢的聚氨酯等，在大量堆积燃烧时，常会产生轰燃现象。

需要说明的是，以上各种燃烧形式的划分不是绝对的，有些可燃固体的燃烧往往包含两种以上的形式。比如在适当的外界条件下，纸张、木材、棉麻制品等的燃烧会明显存在分解燃烧、熏烟燃烧、表面燃烧等形式。

3.防火和灭火的原理与方法

为防止火势失去控制，继续扩大燃烧而造成灾害，需要采取以下方法将火扑灭，这些方法的根本原理是破坏燃烧条件：

（1）冷却灭火

可燃物一旦达到着火点，即会燃烧或持续燃烧。在一定条件下，将可燃物的温度降到着火点以下，燃烧即会停止。对于可燃固体，将其冷却在燃点以下；对于可燃液体，将其冷却在闪点以下，燃烧反应就可能会中止。用水扑灭由一般固体物质引起的火灾，主要是通过冷却作用来实现的，水具有较大的比热容和很高的汽化热，冷却性能很好。在用水灭火的过程中，水大量地吸收热量，使燃烧物的温度迅速降低，使火焰熄灭、火势得到控制、火灾终止。水喷雾灭火系统的水雾，其水滴直径细小，比表面积大，和空气接触范围大，极易吸收热气流的热量，也能很快地降低温度，效果更为明显。

（2）隔离灭火

在燃烧三要素中，可燃物是燃烧的主要因素。将可燃物与氧气、火焰隔离，就可以停止燃烧、扑灭火灾。例如自动喷水泡沫联用系统在喷水的同时喷出泡沫，泡沫覆盖于燃烧液体或固体的表面，在发挥冷却作用的同时，将可燃物与空气隔开，从而可以灭火。再如可燃液体或可燃气体火灾，在灭火时，迅速关闭输送可燃液体或可燃气体的管道的阀门，切断流向着火区的可燃液体或可燃气体的输送，同时打开可燃液体或可燃气体通向安全区域的阀门，使已经燃烧或即将燃烧或受到火势威胁的容器中的可燃液体、可燃气体转移。

（3）窒息灭火

可燃物的燃烧是氧化作用，需要在最低氧浓度以上才能进行，低于最低氧浓度，燃烧不能进行，火灾即被扑灭。一般氧浓度低于15%时，就不能维持燃烧。在着火场所内，可以通过灌注不燃气体，如二氧化碳、氮气、蒸气等来降低空间的氧浓度，从而达到窒息灭火。此外，水喷雾灭火系统工作时，喷出的水滴吸收热气流热量而转化成蒸汽，当空气中水蒸气浓度达到35%时，燃烧即停止，这就是窒息灭火的应用。

（4）化学抑制灭火

由于有焰燃烧是通过链式反应进行的，如果能有效地抑制自由基的产生或降低火焰中的自由基浓度，即可使燃烧中止。化学抑制灭火的灭火剂常见的有干粉和七氟丙烷。化学抑制法灭火，灭火速度快，使用得当可有效地扑灭初期火灾，减少人员伤亡和财产损失。但抑制法灭火对于有焰燃烧火灾效果好，对深位火灾，由于渗透性较差，灭火效果不理想。在条件许可的情况下，采用抑制法灭火的灭火剂与水、泡沫等灭火剂联用，会取得明显效果。

（二）建筑分类

1.按照使用功能分类

按照其使用功能分类，建筑可以分为工业建筑、农业建筑和民用建筑。

工业建筑主要是指为工业生产服务的各类建筑，如生产车间、辅助车间、动力用房、仓储建筑等。

农业建筑主要是指用于农业、牧业生产和加工的建筑，如温室、畜禽饲养场、粮食与饲料加工站、农机修理站等。

民用建筑又可以分为居住建筑和公共建筑。

居住建筑主要是指提供人们日常居住生活使用的建筑物，如住宅、宿舍、公寓等。公共建筑主要是指提供人们进行各种社会活动的建筑物，其中包括以下类型：

①行政办公建筑，如机关、企业单位的办公楼等。

②文教建筑，如学校、图书馆、文化宫、文化中心等。

③托教建筑，如托儿所、幼儿园等。

④科研建筑，如研究所、科学实验楼等。

⑤医疗建筑，如医院、诊所、疗养院等。

⑥商业建筑，如商店、商场、购物中心、超级市场等。

⑦观览建筑，如电影院、剧院、音乐厅、影城、会展中心、展览馆、博物馆等。

⑧体育建筑，如体育馆、体育场、健身房等。

⑨旅馆建筑，如旅馆、宾馆、度假村、招待所等。

⑩交通建筑，如航空港、火车站、汽车站、地铁站、水路客运站等。

⑪通信广播建筑，如电信楼、广播电视台、邮电局等。

民用建筑根据其建筑高度和层数可分为单、多层民用建筑和高层民用建筑。高层民用建筑根据其建筑高度、使用功能和楼层的建筑面积可分为一类和二类。

2.按建筑结构分类

按建筑结构形式和建造材料构成可分为木结构、砖木结构、砖与钢筋混凝土混合结构（砖混结构）、钢筋混凝结构、钢结构、钢与钢筋混凝土混合结构（钢混结构）等。

①木结构。主要承重构件是木材。

②砖木结构。主要承重构件用砖石利木材做成。如砖（石）利墙体、木楼

板、木屋盖的建筑。

③砖混结构。竖向承重构件采用砖墙或砖柱,水平承重构件采用钢筋混凝土楼板、屋面板。

④钢筋混凝土结构。钢筋混凝土做柱、梁、楼板及屋顶等建筑的主要承重构件,砖或其他轻质材料做墙体等围护构件。如装配式大板、大模板、滑模等工业化方法建造的建筑,钢筋混凝土的高层、大跨、大空间结构的建筑。

⑤钢结构。主要承重构件全部采用钢材。如全部用钢柱、钢屋架建造的厂房。

⑥钢混结构。屋顶采用钢结构,其他主要承重构件采用钢筋混凝土结构。如钢筋混凝土梁、柱、钢屋架组成的骨架结构厂房。

⑦其他结构。如生土建筑、塑料建筑、充气塑料建筑等。

3.按建筑高度分类

按建筑高度可分为单层、多层建筑和高层建筑两类。

①单层、多层建筑。27 m以下的住宅建筑、建筑高度不超过24 m(或已超过24 m,但为单层)的公共建筑和工业建筑。

②高层建筑。建筑高度大于27 m的住宅建筑和其他建筑高度大于24 m的非单层建筑,我国将建筑高度超过100 m的高层建筑称为超高层建筑。

(三)建筑材料及构件的燃烧性能

1.建筑材料的燃烧性能分级

随着火灾科学与消防工程学科领域研究的不断深入和发展,材料及制品燃烧特性的内涵也从单纯的火焰传播和蔓延,扩展到材料的综合燃烧特性和火灾危险性,包括燃烧热释放速率、燃烧热释放量、燃烧烟密度和燃烧生成物毒性等参数。建筑材料及制品的燃烧性能等级见表4-1。

表4-1 建筑材料及制品的燃烧性能等级

燃烧性能等级	名称	燃烧性能等级	名称
A	不燃材料(制品)	B_2	可燃材料(制品)
B_1	难燃材料(制品)	B_3	易燃材料(制品)

2.建筑构件的燃烧性能

建筑构件主要包括建筑内的墙、柱、梁、楼板、门、窗等。建筑构件的燃烧性能主要是指组成建筑构件材料的燃烧性能。某些材料的燃烧性能因已有共识而无须进行检测，如钢材、混凝土、石膏等；但有些材料，特别是一些新型建材，则需要通过试验来确定其燃烧性能。通常，我国把建筑构件按其燃烧性能分为三类，即不燃性构件、难燃性构件和可燃性构件。

（1）不燃性构件

用不燃烧材料做成的构件统称为不燃性构件。不燃烧材料是指在空气中受到火烧或高温作用时不起火、不微燃、不炭化的材料，如钢材、混凝土、砖、石、砌块、石膏板等。

（2）难燃性构件

凡用难燃烧性材料做成的构件，或用燃烧性材料做成而用非燃烧性材料做保护层的构件统称为难燃性构件。难燃烧性材料是指在空气中受到火烧或高温作用时难起火、难微燃、难炭化，当火源移走后燃烧或微燃立即停止的材料，如沥青混凝土、经阻燃处理后的木材、塑料、水泥刨花板、板条抹灰墙等。

（3）可燃性构件

用燃烧性材料做成的构件统称为可燃性构件。燃烧性材料是指在空气中受到火烧或高温作用时立即起火或微燃，且火源移走后仍继续燃烧或微燃的材料，如木材、竹子、刨花板、宝丽板、塑料等。

为确保建筑物受到火灾危害时在一定时间内不垮塌，并阻止、延缓火灾的蔓延，建筑构件多采用不燃烧材料或难燃材料。这些材料在受火时，不会被引燃或很难被引燃，从而降低了结构在短时间内被破坏的可能性。这类材料如混凝土、粉煤灰、炉渣、陶粒、钢材、珍珠岩、石膏及一些经过阻燃处理的有机材料等不燃或难燃材料。在建筑构件的选用上，尽可能地不增加建筑物的火灾荷载。

3.建筑构件的耐火极限

耐火极限是指在标准耐火试验条件下，建筑构件、配件或结构从受到火的作用时起，至失去承载能力、完整性或隔热性时止所用时间，用小时（h）表示。其中，承载能力是指在标准耐火试验条件下，承重或非承重建筑构件在一定时间内抵抗垮塌的能力；耐火完整性是指在标准耐火试验条件下，当建筑分隔构件某一面受火时，能在一定时间内防止火焰和热气穿透或在背火面出现火焰的能力；耐火隔热性是指在标准耐火试验条件下，当建筑分隔构件某一面受火时，能在一定时间内其背火面温度不超过规定值的能力。

（四）建筑耐火等级要求

耐火等级是衡量建筑物耐火程度的分级标准。规定建筑物的耐火等级是建筑设计防火技术措施中最基本的措施之一。根据建筑使用性质、重要程度、规模大小、层数高低和火灾危险性差异，对不同的建筑物提出不同的耐火等级要求，既有利于消防安全，又有利于节约基本建设投资。

1.建筑耐火等级的确定

在防火设计中，建筑整体的耐火性能是保证建筑结构在发生火灾时不发生较大破坏的根本，而单一建筑结构构件的燃烧性能和耐火极限是确定建筑整体耐火性能的基础。建筑耐火等级是由组成建筑物的墙、柱、楼板、屋顶承重构件和吊顶等主要构件的燃烧性能和耐火极限决定的，共分为四级。

在具体分级中，建筑构件的耐火性能是以楼板的耐火极限为基准，再根据其他构件在建筑物中的重要性和耐火性能可能的目标值调整后确定的。从火灾的统计数据来看，88%的火灾可在1.5 h之内扑灭，80%的火灾可在1 h之内扑灭，因此将耐火等级为一级的建筑物楼板的耐火极限定为1.5 h，二级建筑物楼板的耐火极限定为1 h，以下级别的则相应降低要求。其他结构构件按照在结构中所起的作用及耐火等级的要求而确定相应的耐火极限时间，如在建筑中起主要支撑作用的柱子，其耐火极限值要求相对较高，一级耐火等级的建筑要求3.0 h，二级耐火等级建筑要求2.5 h。对于这样的要求，大部分钢筋混凝土建筑都可以满足，但对于钢结构建筑，就必须采取相应的保护措施才能满足。

2.厂房和仓库的耐火等级

厂房、仓库主要指除炸药厂（库）、花炮厂（库）、炼油厂以外的厂房及仓库。厂房和仓库的耐火等级分一、二、三、四级，相应建筑构件的燃烧性能和耐火极限见表4-2。

表4-2 不同耐火等级厂房与仓库建筑构件的燃烧性能和耐火极限

构件名称		耐火等级			
		一级	二级	三级	四级
墙	防火墙	不燃性 3.00	不燃性 3.00	不燃性 3.00	不燃性 3.00
	承重墙	不燃性 3.00	不燃性 2.50	不燃性 2.00	难燃性 0.50
	楼梯间、前室的墙电梯井的墙	不燃性 3.00	不燃性 2.00	不燃性 1.50	难燃性 0.50
	疏散走道两侧的隔墙	不燃性 1.00	不燃性 1.00	不燃性 0.50	难燃性 0.25
	非承重外墙房间隔墙	不燃性 0.75	不燃性 0.5	难燃性 0.50	难燃性 0.25
柱		不燃性 3.00	不燃性 2.50	不燃性 2.00	难燃性 0.50
梁		不燃性 2.00	不燃性 1.50	不燃性 1.00	难燃性 0.50
楼板		不燃性 1.50	不燃性 1.00	难燃性 0.75	难燃性 0.50
屋顶承重构件		不燃性 1.50	不燃性 1.00	难燃性 0.50	可燃性
疏散楼梯		不燃性 1.50	不燃性 1.00	难燃性 0.75	可燃性
吊顶（包括吊顶格栅）		不燃性 0.25	不燃性 0.25	难燃性 0.15	可燃性

厂房、仓库的耐火等级、建筑面积、层数等与其生产或储存的类型有着密不可分的关系。对于甲、乙类生产或储存的厂房或仓库，由于其生产或储存的物品危险性大，因此这类生产场所或仓库不应设置在地下或半地下，而且对这类场所的防火安全性能的要求也比其他类型的厂房或仓库更高，在设计、使用时都应特别注意。

3.民用建筑的耐火等级

民用建筑的耐火等级也分为一、二、三、四级。除另有规定外，不同耐火等级建筑相应构件的燃烧性能和耐火极限按照表4-3中的规定执行。

表4-3 不同耐火等级建筑相应构件的燃烧性能和耐火极限

构件名称		耐火等级			
		一级	二级	三级	四级
墙	防火墙	不燃性 3.00	不燃性 3.00	不燃性 3.00	不燃性 3.00
	承重墙	不燃性 3.00	不燃性 2.50	不燃性 2.00	难燃性 0.50
	非承重外墙	不燃性 1.00	不燃性 1.00	难燃性 0.50	可燃性
	楼梯间、前室的墙 电梯井的墙，住宅建筑 单元之间的墙和分户墙	不燃性 2.00	不燃性 2.00	不燃性 1.50	难燃性 0.50
	疏散走道两侧的隔墙	不燃性 1.00	不燃性 1.00	不燃性 0.50	难燃性 0.25
	房间隔墙	不燃性 0.75	不燃性 0.5	难燃性 0.50	难燃性 0.25
柱		不燃性 3.00	不燃性 2.50	不燃性 2.00	难燃性 0.50
梁		不燃性 2.00	不燃性 1.50	不燃性 1.00	难燃性 0.50
楼板		不燃性 1.50	不燃性 1.00	不燃性 0.50	可燃性
屋顶承重构件		不燃性 1.50	不燃性 1.00	难燃性 0.50	可燃性
疏散楼梯		不燃性 1.50	不燃性 1.00	难燃性 0.50	可燃性
吊顶 （包括吊顶格栅）		不燃性 0.25	不燃性 0.25	难燃性 0.15	可燃性

民用建筑的耐火等级是为了便于根据建筑自身结构的防火性能来确定该建筑的其他防火要求。相反，根据这个分级及其对应建筑构件的耐火性能，也可以确定既有建筑的耐火等级。

另外，一些性质重要、火灾扑救难度大、火灾危险性大的民用建筑，还应达到最低耐火等级要求，如地下或半地下建筑（室）和一类高层建筑的耐火等级不应低于一级；单、多层重要公共建筑和二类高层建筑的耐火等级不应低于二级。

第二节　建筑消防灭火系统及联动控制设计

一、消防给水系统及灭火设施概述

（一）消防给水系统的组成及分类

消防给水系统由消防水源、消防水箱、消防给水管道、消火栓、箱式消火栓、消防水炮、水喷淋和水喷雾器、消防水泵房等组成。其基本功能是在火灾发生后自动或手动地向消防管网进行供水。

消防给水系统分为两种系统：一种是消火栓给水系统；另一种是自动喷水灭火系统。消火栓给水系统又分为城市消火栓给水系统、建筑室外消火栓给水系统、建筑室内消火栓给水系统。室外消防给水系统是指设置在建筑物外墙中心线以外的一系列的消防给水工程设施。室外消防给水系统按照其作用可分为两种，即为室外消火栓供水和为室内消防设施供水的室外消防给水系统。目的是通过室外消火栓为消防车等消防设备提供消防用水，或通过进户管为室内消防设备提供消防用水。自动喷水灭火系统分为闭式系统、雨淋系统、水幕系统、自动喷水泡沫联用系统。

1.闭式系统

采用闭式喷头的自动喷水灭火系统，又分为湿式、干式、预作用、重复启闭预作用系统。

①湿式喷水灭火系统在工作状态下管道内充满用于启动系统的有压水的闭式系统。由闭式头、湿式报警阀组和管道系统组成。其作用原理：湿式报警阀组前后管道系统充满一定压力的水，当保护对象着火后，喷头周围温度升高超过闭式喷头温度时，喷头的感温玻璃泡爆破，喷头打开喷水灭火，具有迅速灭火和控制火势的特点，缺点是该系统不能在4℃以下的环境下使用。

②干式喷头灭火系统在准工作状态时管道内充满用于启动系统的有压气体的闭式系统。由闭式喷头、干式报警阀组和管道系统组成。其管道系统、喷头布置与湿式系统完全相同；不同之处在于干式报警阀前充水而阀后管道充以一定压

力的压缩空气，阀前后压力保持平衡。当火灾发生时，喷头开启，管道内压缩空气排出，使报警阀后压力迅速下降，在水压的作用下报警阀开启并向阀后管道供水，经过一定时间，喷头喷水灭火。根据以上特点，干式系统可适用于环境温度低于4℃的地区，但喷头开启时不能马上喷水灭火，反应比湿式系统迟缓。

③预作用喷水灭火系统在准工作状态时管道内不充水，由火灾自动报警系统自动开启雨淋报警阀后，转换为湿式系统的闭式系统。由闭式喷头、管道系统、预作用阀组和火灾探测器组成。其作用原理是预作用阀组后面管道平时充满有压或无压气体，火灾初期，在火灾探测器系统（烟感或温感）的控制下，预作用阀开启，向阀后管道充水，随着着火点温度升高，喷头开启喷水、灭火。该系统兼具干湿式系统的优点，缺点是需要增加一套火灾探测器系统，造价较高，且在一定程度上依赖于火灾探测器系统的性能是否稳定。另外，系统使用后要排干管内存水，对管道安装要求较高。

④重复启闭预作用灭火系统能在火灾扑灭后自动关闭、复燃时再次开阀喷水的预作用系统。

2.雨淋系统

雨淋系统（也称开式系统）由火灾自动报警系统或传动管控制，自动开启雨淋报警阀和启动供水泵后，向开式洒水喷头供水的自动喷水灭火系统。由开式喷头、管道系统、雨淋阀等火灾器组成。该系统的作用原理与预作用系统类似，不同之处在于采用开式喷头，阀后管道内充水，开式喷头立即喷水灭火，能有效扑灭初起火灾，适用于火灾危险性高且火势蔓延迅速的场所，但对火灾探测器的准确性要求较高，一旦发生误报，会造成不同程度的损失。

3.水幕系统

水幕系统由开式洒水喷头或水幕喷头、雨淋报警阀组或感温雨淋阀、水流报警装置水流指示器、压力开关等组成，用于挡烟阻火和冷却分隔物的喷水系统。其作用原理和干式或湿式系统类似，但水幕喷头比普通闭式喷头喷水强度高，覆盖面积大，主要作用是隔断火灾侵袭，防止火势向其他区域蔓延。

4.自动喷水泡沫联用系统

自动喷水泡沫联用系统是配置供给泡沫混合液的设备后，组成既可喷水又可喷泡沫的自动喷水灭火系统。自动喷水灭火系统具有工作性能稳定、灭火效率高、不污染环境、维护方便等优点。其主要由喷头、报警阀组、管道系统组成。

（二）消防系统灭火的方法

燃烧是一种发热放光的化学反应。要达到燃烧必须同时具备三个条件，即有可燃物（如油、甲烷、木材、氢气、纸张等），有助燃物（如高锰酸钾、氯、氯化钾、溴、氧等），有火源（如高热化学能、电火、明火等）。

防火的基本方法：

1.控制可燃物：以难燃烧或不燃烧的材料（如用不燃材料或难燃材料做建筑结构、装修材料）代替易燃或可燃材料；加强通风，对可燃气体、可燃烧或爆炸的物品采取分开存放、隔离等措施；用防火涂料浸涂可燃材料，改变其燃烧性能；对性质上相互作用能发生燃烧或爆炸的物品采取分开存放、隔离等措施。

2.控制助燃物：密闭有易燃、易爆物质的房间、容器和设备，使用易燃易爆物质的生产应在密闭设备管道中进行；对有异常危险的生产采取充装惰性气体（如对乙炔、甲醇氧化、梯恩梯球磨等生产充装氮气保护）；隔绝空气储存，如将二硫化碳、磷储存于水中，将金属钾、钠储存于煤油中。

3.消除着火源：在危险场所，禁止吸烟、动用明火、穿钉子鞋；采用防爆电气设备，安避雷针，装接地线；进行烘烤、熬炼、热处理作业时，严格控制温度，不超过可燃物质的自燃点；经常润滑机器轴承，防止摩擦产生高温；用电设备应安装保险器，防止因电线短路或超负荷而起火；存放化学易燃物品的仓库，应遮挡阳光；装运化学易燃物品时，铁质装卸搬运工具应套上胶皮或衬上铜片、铝片；对火车、汽车、拖拉机的排烟气系统安装防火帽或火星熄灭器等。

4.阻止火势蔓延：建（构）筑物及贮罐、堆场等之间留足防火间距，设置防火墙，划分防火分区；在可燃气体管道上安装阻火器及水封等；在能形成爆炸介质（可燃气体、可燃蒸汽和粉尘）的厂房设置泄压门窗、轻质屋盖、轻质墙体等；在有压力的容器上安装防爆膜和安全阀。

一般灭火有以下四种方法：

1.隔离法：将正在发生燃烧的物质与其周围可燃物隔离或移开，燃烧就会因为缺少可燃物而停止。如将靠近火源处的可燃物品搬走，拆除接近火源的易燃建筑，关闭可燃气体、液体管道阀门，减少或阻止可燃物质进入燃烧区域等。

2.窒息法：阻止空气流入燃烧区域，或用不燃烧的惰性气体冲淡空气，使燃烧物得不到足够的氧气而熄灭。如用二氧化碳、氮气、水蒸气等惰性气体灌注容器设备；用石棉毯、湿麻袋、湿棉被、黄沙等不燃物或难燃物覆盖在燃烧物上；封闭起火的建筑或设备的门窗、孔洞等。

3.冷却法：将灭火剂（水、二氧化碳等）直接喷射到燃烧物上，把燃烧物的温度降低到燃点以下，使燃烧停止；或者将灭火剂喷洒在火源附近的可燃物上，使其不受火焰辐射热的威胁，避免形成新的着火点。

4.抑制法（化学法）：将有抑制作用的灭火剂喷射到燃烧区，并参加到燃烧反应过程中去，使燃烧反应过程中产生的游离基消失，形成稳定分子或低活性的游离基，使燃烧反应终止。目前使用的干粉灭火剂、1211灭火剂等均属此类灭火剂。

综上可知，灭火剂的种类很多，目前应用的灭火剂有泡沫（低倍数泡沫、高倍数泡沫）灭火剂、卤代烷1211灭火剂、二氧化碳灭火剂、四氯化碳灭火剂、干粉灭火剂、水等。相比较而言，用水灭火具有方便、高效、价格低廉的优点，因此被广泛使用。但由于水和泡沫都会造成设备污染，所以在有些场所（如档案室、图书馆、文物馆、精密仪器设备间、电子计算机房等）应采用卤素和二氧化碳等灭火剂灭火。

二、消火栓系统及联动控制

建筑消火栓给水系统是指为建筑消防服务的以消火栓为给水点、以水为主要灭火剂的消防给水系统。它由消火栓、给水管道、供水设施等组成。按设置位置不同，消火栓给水系统分为室内消火栓给水系统和室外消火栓给水系统。

（一）室内消火栓系统

室内消火栓系统是室内消防给水管网向火场供水的带有专用接口的阀门，其进水端与消防管道相连，出水端与水带相连。

1.应设室内消火栓系统的建筑

①建筑占地面积大于300 m²的厂房（仓库）。

②体积大于5000 m³的车站、码头、机场的候车（船、机）楼及展览建筑、商店建筑、旅馆建筑、医疗建筑和图书馆建筑等单层、多层建筑。

③特等、甲等剧场，超过800个座位的其他等级的剧场和电影院等，超过1200个座位的礼堂、体育馆等单层、多层建筑。

④建筑高度大于 15 m，或体积大于 1 万 m³ 的办公建筑、教学建筑和其他单层、多层民用建筑。

⑤高层公共建筑和建筑高度大于 21 m 的住宅建筑。

⑥对于建筑高度不大于 27 m 的住宅建筑，当确有困难时，可只设置干式消防竖管和不带消火栓箱的 DN65 的室内消火栓。

⑦国家级文物保护单位的重点砖木或木结构的古建筑，宜设置室内消火栓系统。

2.可不设室内消火栓系统的建筑

①存有与水接触能引起燃烧、爆炸的物品的建筑物和室内没有生产、生活给水管道，室外消防用水取自储水池且建筑体积不大于 5000 m³ 的其他建筑。

②耐火等级为一、二级且可燃物较少的单层、多层丁、戊类厂房（仓库），耐火等级为三、四级且建筑体积小于或等于 3000 m³ 的丁类厂房和建筑体积小于或等于 5000 m³ 的戊类厂房（仓库）。

③粮食仓库、金库及远离城镇且无人值班的独立建筑。

人员密集的公共建筑、建筑高度大于 100 m 的建筑和建筑面积大于 200 m² 的商业服务网点内应设置消防软管卷盘或轻便消防水龙。高层住宅建筑的户内宜配置轻便消防水龙。

（二）室内消火栓系统的工作原理

在临时高压消防给水系统中，系统设有消防泵和高位消防水箱。

当火灾发生后，现场人员可以打开消火栓箱，将水带与消火栓栓口连接，打开消火栓的阀门，消火栓即可投入使用。

按下消火栓箱内的按钮向消防控制中心报警，同时设在高位水箱出水管上的流量开关和设在消防水泵出水干管上的压力开关，或报警阀压力开关等开关信号应能直接启动消防水泵。

在供水初期，消火栓泵的启动需要一定的时间，其初期供水由高位消防水箱来供给。

对于消火栓泵的启动，还可由消防泵房、消防控制中心控制，消火栓泵一旦启动便不得自动停泵，其停泵只能由现场手动控制。

系统的联动控制方式：

由消火栓系统出水干管上设置的低压压力开关、高位消防水箱出水管上设置的流量开关或报警阀压力开关等信号作为触发信号，直接控制启动消火栓泵，联动控制不应受消防联动控制器处于自动或手动状态影响。

手动控制方式应将消火栓泵控制箱（柜）的启动、停止按钮，用专用线路直接连接至设置在消防控制室内的消防联动控制器的手动控制盘，并应直接手动控制消火栓泵的启动、停止。

三、自动喷水灭火系统及联动控制

自动喷水灭火系统是由洒水喷头、报警阀组、水流报警装置（水流指示器或压力开关）等组件，以及管道、供水设施等组成的能在发生火灾时喷水的自动灭火系统。自动喷水灭火系统在保护人身和财产安全方面具有安全可靠、经济实用、灭火成功率高等优点，其广泛应用于工业建筑和民用建筑。

（一）系统的分类与组成

自动喷水灭火系统根据所使用喷头的型式，可分为闭式自动喷水灭火系统和开式自动喷水灭火系统两大类；根据系统的用途和配置状况，自动喷水灭火系统又分为湿式自动喷水灭火系统、干式自动喷水灭火系统、预作用自动喷水灭火系统、雨淋自动喷水灭火系统、水幕系统（防火分隔水幕和防护冷却水幕）、防护冷却系统、自动喷水-泡沫联用系统等。

1.湿式自动喷水灭火系统

湿式自动喷水灭火系统（以下简称"湿式系统"）由闭式喷头、湿式报警阀组、水流指示器或压力开关，供水与配水管道及供水设施等组成，在准工作状态时，配水管道内充满用于启动系统的有压水。

2.干式自动喷水灭火系统

干式自动喷水灭火系统（以下简称"干式系统"）由闭式喷头、干式报警阀组、水流指示器或压力开关、供水与配水管道、充气设备及供水设施等组成。在准工作状态时，配水管道内充满用于启动系统的有压气体。干式系统的启动原理与湿式系统相似，只是将传输喷头开放信号的介质由有压水改为有压气体。

3.预作用自动喷水灭火系统

预作用自动喷水灭火系统（以下简称"预作用系统"）由闭式喷头、预作用装置、水流报警装置、供水与配水管道、充气设备和供水设施等组成。在准工作状态时，配水管道内不充水，发生火灾时，由火灾报警系统、充气管道上的压力开关联锁控制预作用装置和启动消防水泵，并转换为湿式系统。预作用系统与湿式系统、干式系统的不同之处在于系统采用预作用装置，并配套设置火灾自动报警系统。

4.雨淋自动喷水灭火系统

雨淋自动喷水灭火系统由开式喷头、雨淋报警阀组、水流报警装置、供水与配水管道及供水设施等组成。它与前三种系统的不同之处在于，雨淋系统采用开式喷头，由雨淋报警阀控制喷水范围，由配套的火灾自动报警系统或传动管控制，自动启动雨淋报警阀组和消防水泵。

5.防护冷却系统

由闭式洒水喷头、湿式报警阀组等组成，发生火灾时用于冷却防火卷帘、防火玻璃墙等防火分隔设施的闭式系统。

（二）系统的工作原理与联动控制

不同类型的自动喷水灭火系统，其各自的工作原理、控火效果等均有差异。因此，应根据设置场所的建筑特征、火灾特点、环境条件等来确定自动喷水灭火系统的选型。

1.湿式系统

（1）工作原理

湿式系统在准工作状态时，由消防水箱或稳压泵、气压给水设备等稳压设施维持管道内的充水压力。发生火灾时，在火灾温度的作用下，闭式喷头的热敏元件动作，喷头开启并开始喷水。管网中的水由静止变为流动，水流指示器动作送出电信号，在火灾报警控制器上显示某一区域喷水的信息。由持续喷水泄压造成湿式报警阀的上部水压低于下部水压，在压力差的作用下，原处于关闭状态的湿式报警阀将自动开启。压力水通过湿式报警阀流向管网，同时打开通向水力警铃的通道，延迟器充满水后，水力警铃发出声响警报，高位消防水箱流量开关或系统管网的压力开关动作并输出信号直接启动供水泵。供水泵投入运行后，完成系统的启动过程。

（2）适用范围

湿式系统是应用最广泛的自动喷水灭火系统之一，适合在环境温度不低于

4℃且不高于70℃的环境中使用。在温度低于4℃的场所使用湿式系统，存在系统管道和组件内充水冰冻的危险；在温度高于70℃的场所采用湿式系统，存在系统管道和组件内充水蒸气压力升高而破坏管道的危险。

2.干式系统

（1）工作原理

干式系统在准工作状态时，由消防水箱或稳压泵、气压给水设备等稳压设施维持干式报警阀入口前管道内的充水压力，报警阀出口后的管道内充满有压气体（通常采用压缩空气），报警阀处于关闭状态。当发生火灾时，在火灾温度的作用下，闭式喷头的热敏元件动作，闭式喷头开启，使干式阀的出口压力下降，加速器动作后促使干式报警阀迅速开启，管道开始排气充水，剩余压缩空气从系统最高处的排气阀和开启的喷头处喷出。此时，通向水力警铃和压力开关的通道被打开，水力警铃发出警报声响，高位消防水箱流量开关或管网压力开关动作并输出启泵信号，启动系统供水泵；管道完成排气充水过程后，开启的喷头开始喷水。从闭式喷头开启至供水泵投入运行前，由消防水箱、气压给水设备或稳压泵等供水设施为系统的配水管道充水。

（2）适用范围

干式系统适用于环境温度低于4℃或高于70℃的场所。干式系统虽然解决了湿式系适用于高、低温环境场所的问题，但由于准工作状态时配水管道内没有水，喷头动作、系统启动时必须经过一个管道排气、充水的过程，因此会出现滞后喷水现象，不利于系统及时控火灭火。

3.预作用系统

（1）工作原理

系统处于准工作状态时，由消防水箱或稳压泵、气压给水设备等稳压设施维持雨淋阀入口前管道内的充水压力，雨淋阀后的管道内平时无水或充以有压气体。发生火灾时，由火灾自动报警系统开启预作用报警阀的电磁阀，配水管道开始排气充水，使系统在闭式喷头动作前转换成湿式系统，系统管网的压力开关或高位消防水箱的流量开关直接启动消防水泵并在闭式喷头开启后立即喷水。

（2）适用范围

预作用系统可有除干式系统在喷头开放后延迟喷水的弊病，因此其在低温和高温环境中可替代干式系统。系统处于准工作状态时，严禁管道充水、严禁系统误喷的忌水场所应采用预作用系统。

4.雨淋系统

（1）工作原理

系统处于准工作状态时，由消防水箱或稳压泵、气压给水设备等稳压设施维持雨淋阀入口前管道内的充水压力。发生火灾时，由火灾自动报警系统或传动管自动控制开启雨淋报警阀和供水泵，向系统管网供水，由雨淋阀控制的开式喷头同时喷水。

（2）适用范围

雨淋系统的喷水范围由雨淋阀控制，在系统启动后立即大面积喷水。因此，雨淋系统主要适用于需要大面积喷水、快速扑灭火灾的特别危险的场所。火灾的水平蔓延速度快，闭式喷头的开放不能及时使喷水有效覆盖着火区域，或室内净空高度超过规定高度且必须迅速扑救初期火灾，或火灾危险等级属于严重危险级Ⅰ级的场所，应采用雨淋系统。

5.水幕系统

（1）工作原理

系统处于准工作状态时，由消防水箱或稳压泵、气压给水设备等稳压设施维持管道内的充水压力。发生火灾时，由火灾自动报警系统联动开启雨淋报警阀组，系统管网压力开关启动供水泵，向系统管网和喷头供水。

（2）适用范围

防火分隔水幕系统利用密集喷洒形成的水墙或多层水帘，可封堵防火分区处的孔洞，阻挡火灾和烟气的蔓延，因此适用于局部防火分隔处。防护冷却水幕系统则利用喷水在物体表面形的水膜，控制防火分区处分隔物的温度，使分隔物的完整性和隔热性免遭火灾破坏，因此防水分隔水幕系统适用于对防火卷帘、防火玻璃墙等防火分隔设施的冷却保护。

6.系统的联动控制

①湿式系统、干式系统由消防水泵出水干管上设置的压力开关、高位消防水箱出水管上的流量开关和报警阀组压力开关直接自动启动消防水泵。快速排气阀入口前的电动阀应在启动消防水泵的同时开启。

②雨淋系统和自动控制的水幕系统，消防水泵的自动启动方式应符合下列要求：

A.当采用火灾自动报警系统控制雨淋报警阀时，消防水泵应由火灾自动报警系统、消防水泵出水干管上设置的压力开关、高位消防水箱出水管上的流量开关和报警阀组压力开关直接自动启动。

B.当采用充液（水）传动管控制雨淋报警阀时，消防水泵应由消防水泵出水干管上设置的压力开关、高位消防水箱出水管上的流量开关和报警阀组压力开关直接启动。

C.当雨淋报警阀采用充液（水）传动管自动控制时，闭式喷头与雨淋报警阀之间的高程差，应根据雨淋报警阀的性能确定。

③湿式系统和干式系统的联动控制设计，应符合下列规定：

A.联动控制方式，应由湿式/干式报警阀压力开关的动作信号作为触发信号，直接控制启动喷淋消防泵，联动控制不应受消防联动控制器处于自动或手动状态影响。

B.手动控制方式，应将喷淋消防泵控制箱（柜）的启动、停止按钮，用专用线路直接连接至设置在消防控制室内的消防联动控制器的手动控制盘，直接手动控制喷淋消防泵的启动、停止。

C.水流指示器、信号阀、压力开关、喷淋消防泵的启动和停止的动作信号应反馈至消防联动控制器。

④预作用系统的联动控制设计，应符合下列规定：

A.联动控制方式，应由同一报警区域内两只以上独立的感烟火灾探测器或一只感烟火灾探测器与一只手动火灾报警按钮的报警信号，作为预作用阀组开启的联动触发信号。由消防联动控制器控制预作用阀组的开启，使系统转变为湿式系统；当系统设有快速排气装置时，应联动控制排气阀前的电动阀的开启。

B.手动控制方式，应将喷淋消防泵控制箱（柜）的启动、停止按钮、预作用阀组和快速排气阀入口前的电动阀的启动、停止按钮，用专用线路直接连接至设置在消防控制室内的消防联动控制器的手动控制盘，直接手动控制喷淋消防泵的启动、停止及预作用阀组和电动阀的开启。

C.水流指示器、信号阀、压力开关、喷淋消防泵的启动和停止的动作信号，有压气体管道气压状态信号和快速排气阀入口前电动阀的动作信号应反馈至消防联动控制器。

⑤雨淋系统的联动控制设计，应符合下列规定：

A.联动控制方式，应由同一报警区域内两只以上独立的感温火灾探测器或一只感温火灾探测器与一只手动火灾报警按钮的报警信号作为雨淋阀组开启的联动触发信号。由消防联动控制器控制雨淋阀组的开启。

B.手动控制方式，应将雨淋消防泵控制箱（柜）的启动和停止按钮、雨淋阀组的启动和停止按钮，用专用线路直接连接至设置在消防控制室内的消防联动控制器的手动控制盘，直接手动控制雨淋消防泵的启动、停止及雨淋阀组的开启。

C.水流指示器，压力开关，雨淋阀组、雨淋消防泵的启动和停止的动作信号应反馈至消防联动控制器。

第三节　消防工程施工组织与管理

一、消防施工组织与管理概述

现代建筑消防工程的施工是许多施工过程的组合体，可以有不同的施工顺序；安装施工过程须采用不同的施工方法和施工机械来完成；即使是同一类工程，由于施工环境、自然环境的不同，施工进度也不一样。这些工作的组织与协调，对于高质量、低成本、高效率进行工程建设具有重要意义。

建筑消防施工组织与管理就是针对施工条件的复杂性来研究安装工程的统筹安排与系统管理的客观规律的一门学科。具体地说，就是针对安装工程的性质、规模、工期要求、劳动力、机械、材料等因素，研究、组织、计划一项拟建工程的全部施工，在许多可能方案中寻求最合理的组织与方法。编制出规划和指导施工的技术经济文件，即施工组织设计。所以，消防施工组织与管理研究的对象就是，如何在党和国家的建设方针与政策的指导下，从施工全局出发，根据各种具体条件，拟订合理的施工方案，安排最佳的施工进度，设计最好的施工现场平面图，同时，把设计与施工、技术与经济、全局与个体，在施工中各单位、各部门、各阶段及各项目之间的关系等更好地协调起来，做到人尽其力，物尽其用，使工程取得相对最优的经济效果。

现代安装工程的施工，无论在规模上，还是在功能上都是以往任何时代所不能比拟的。消防施工组织与管理的基本内容应包括经营决策、工程招投标、合同管理、计划统计、施工组织、质量安全、设备材料、施工过程和成本控制等管理。作为施工技术人员和管理人员，应重点掌握施工组织、工期、成本、质量、安全和现场管理内容。

二、建设项目的建设程序

（一）建设项目及其组成

1.项目

项目是指在一定的约束条件（如限定时间、限定费用及限定质量标准等）下，具有特定的明确目标和完成的组织结构的一次性任务或管理对象。根据这一定义，可以归纳出项目所具有的三个主要特征，即项目的一次性（单件性）、目标的明确性和项目的整体性。只有同时具备这三个特征的任务才能称为项目。而那些大批量的、重复进行的、目标不明确的、局部性的任务，不能称作项目。

项目的种类应当按其最终成果或专业特征为标志进行划分。按专业特征划分，项目主要包括科学研究项目、工程项目、航天项目、维修项目、咨询项目等；还可以根据需要对每一类项目进一步进行分类。对项目进行分类的目的是为了有针对性地进行管理，以提高完成任务的效果、水平。

工程项目是项目中数量最大的一类，既可以按照专业将其分为建筑工程、公路工程、水电工程、港口工程、铁路工程等项目，也可以按管理的差别将其划分为建设项目、设计项目、工程咨询项目和施工项目等。

2.建设项目

建设项目是固定资产投资项目，是作为建设单位被管理对象的一次性建设任务，是投资经济科学的一个基本范畴。固定资产投资项目又包括基本建设项目（新建、扩建等扩大生产能力的项目）和技术改造项目（以改进技术、增加产品品种、提高产品质量、治理"三废"、劳动安全、节约资源为主要目的的项目）。

建设项目在一定的约束条件下，以形成固定资产为特定目标。约束条件：一是时间约束，即一个建设项目有合理的建设工期目标；二是资源的约束，即一个建设项目有一定的投资总量目标；三是质量约束，即一个建设项目都有预期的生产能力、技术水平或使用效益目标。

建设项目的管理主体是建设单位，项目是建设单位实现目标的一种手段。在国外，投资主体、业主和建设单位一般是三位一体的，建设单位的目标就是投资者的目标；而在我国，投资主体、业主和建设单位三者有时是分离的，给建设项目的管理带来一定的困难。

建设项目的内容包括建筑工程、安装工程、设备和材料的购置，以及其他基本建设工作。

①建筑工程。

A.各种永久性和临时性的建筑物、构筑物及其附属于建筑工程内的暖卫、管道、通风、照明、消防、煤气等安装工程。

B.设备基础、工业筑炉、障碍物清除、排水、竣工后的施工渣土清理、水利工程、铁路、公路、桥梁、电力线路等工程及防空设施。

②安装工程。

A.各种需要安装的生产、动力、电信、起重、传动、医疗、实验等设备的安装工程。

B.被安装设备的绝缘、保温、油漆、防雷接地和管线敷设工程。

C.安装设备的测试和无负荷试车等。

D.与设备相连的工作台、梯子等的装设工程。

可见，消防工程是建筑安装工程的一部分。

③设备和材料的购置，包括一切需要安装与不需要安装设备和材料的购置。

④其他基本建设工作，包括上述内容以外的土地征用、原有建筑物拆迁及赔偿、青苗补偿、生产人员培训和管理工作等。

3.施工项目

施工项目是施工企业自施工投标开始到保修期满为止的全过程中完成的项目，是作为施工企业的被管理对象的一次性施工任务。

施工项目的管理主体是施工承包企业。施工项目的范围是出工程承包合同界定的，可能是建设项目的全部施工任务，也可能是建设项目中的一个单项工程或单位工程的施工任务。

4.建设项目的组成

基本建设工程项目简称建设项目，是指按一个总体设计组织施工，建成后具有完整的系统，可以独立形成生产能力或使用价值的建设工程。例如工业建筑中一般以一个企业（如一个钢铁公司、一个服装公司）为一个建设项目；民用建筑中一般以一个机关事业单位（如一所学校、一所医院）为一个建设项目。大型分期建设的工程，如果分为几个总体设计，则就有几个建设项目。进行基本建设的企业或事业单位称为建设单位。

基本建设项目可按不同的方式进行分类。按建设项目的规模可分为大、中、小型建设项目；按建设项目的性质可分为新建、扩建、改建、恢复、迁建项目；按建设项目的用途可分为生产性和非生产性建设项目；按建设项目的投资主体可分为国家投资、地方政府投资、企业投资、合资和独资建设项目。

一个建设项目，按其复杂程度，一般可由以下工程内容组成：

（1）单项工程

单项工程是建设项目的组成部分，一个建设项目可由一个单项工程组成，也可以由若干个单项工程组成。它是指具有独立的设计文件、独立的核算，建成后可以独立发挥设计文件所规定的效益或生产能力的工程。如工业建设项目的单项工程，一般是指能独立生产的车间、设计规定的生产线；民用建设项目中的学校教学楼、图书馆、实验楼等。

（2）单位工程

单位工程是单项工程的组成部分。

单位工程是指有独立的施工图设计并能独立施工，但完工后不能独立发挥生产能力或效益的工程。例如工厂的车间是一个单项工程，一般由土建工程、装饰工程、设备安装工程、工业管道工程、电气工程和给排水工程等单位工程组成。又如民用建筑，学校的实验楼是一个单项工程，则实验楼的土建工程、安装工程（包括设备、水、暖、电、卫、通风、空调等）各是一个单位工程。

由于单位工程既有独立的施工图设计，又能独立施工，所以编制施工图预算、施工预算、安排施工计划、工程竣工结算等都是按单位工程进行的。

（3）分部工程

分部工程是单位工程的一部分。

分部工程是按建筑物和构筑物的主要部位来划分的。如地基及基础工程、主体工程、屋面工程、装饰工程等各是一个分部工程。

安装工程是按安装工程的种类来划分的。例如建筑物内的给排水、采暖、通风、空调、电气、智能建筑、电梯各是一个分部工程。

（4）分项工程

分项工程是分部工程的一部分。

分项工程是按照主要工种工程来划分的。例如土石方工程、砌筑工程、钢筋工程、整体式和装配式结构混凝土工程、抹灰工程等各是一个分项工程。

安装工程是按用途、种类、输送不同介质与物料及设备组别来划分的。例如室内采暖是一个分部工程，则采暖管道安装、散热器安装、管道保温等各是一个分项工程；又如室内照明是一个分部工程，则照明配管、配线、灯具安装等则各是一个分项工程。

（二）项目建设程序

项目建设程序是从立项开始，建成投入生产或使用为止的全过程中有相互依赖关系的前后依次的各个工作环节。通常要由业主方（或发包单位）和项目建设总承包单位双方依据总承包合同约定默契配合才能完成。有些应由业主完成的程序，承包单位可以被委托代理进行。

建设程序是人们进行建设活动中必须遵守的工作制度，是经过大量实践工作所总结出来的工程建设过程的客观规律的反映。一方面，建设程序反映了社会经济规律的制约关系。在国民经济体系中，各个部门之间比例要保持平衡，建设计划与国民经济计划要协调一致，成为国民经济计划的有机组成部分。因此，我国建设程序中的主要阶段和环节，都与国民经济计划密切相连。另一方面，建设程序反映了技术经济规律的要求。例如在提出生产性建设项目建议书后，必须对建设项目进行可行性研究，从建设的必要性和可能性、技术的可行性与合理性、投产后正常生产条件等方面做出全面的、综合的论证。

1.项目决策阶段

项目决策阶段是项目进入建设程序的最初阶段，主要工作是组织项目前期策划，提出项目建议书，编制提出项目可行性研究报告。

（1）项目前期策划

项目构思的产生是从企业（或私人资本）的角度，为了满足市场需求、企业可持续发展、投资得到回报，且依据国家或某个区域的国民经济社会发展规划，确定进行新建、改建或扩建工程项目。构思过程要剔除无法实现的不符合实际的违反法律法规的成分，结合环境条件和自身能力，择优选取项目构思。经过研究认为项目构思是可行的、合理的，则可以进入下一步工作。

项目的工作有情况分析、问题定义、提出目标因素、建立目标系统，其结果要形成书面文件，内容包括项目名称、范围、拟解决的问题，项目目标系统、对环境影响因素、项目总投资预期收益和运营费用的说明等。项目定义完成后进入提出项目建议书编制工作。

（2）项目建议书的编审

项目建议书是建设项目的建议性文件，是对拟建项目的轮廓设想。项目建议书的主要作用是为推荐的拟建项目做出说明，论述其建设的必要性，以供有关部门选择并确定是否有必要进行可行性研究工作。项目建议书批准后，方可进行可行性研究。

由于我国投资体制的深化改革，对政府投资项目、企业投资项目实行分类管理。前期的审批工作，对政府投资项目仍按基本建设程序进行政府审批管理；对企业投资项目属于政府核准制的实行政府核准管理；对企业投资项目不属于政府核准管理的实行备案制管理。

（3）项目可行性研究

可行性研究是项目建议书批准后开展的一项重要决策准备工作，是对拟建项目技术与经济的可行性分析和论证，为项目投资决策提供依据。

初步可行性研究又称预可行性研究，其主要目的是判断项目是否有生命力，是否值得投入更多的人力、财力进行可行性研究，据此做出是否投资的初步决定。从技术、财务、经济、环境和社会影响评价等方面，对项目是否可行做出初步判断。可行性研究是在初步可行性研究判断认为应该继续深入全面进行研究后实施。

可行性研究的主要内容包括项目建设的必要性、市场分析、资源利用率分析、建设方案、投资估算、财务分析、经济分析、环境影响评价、社会评价、风险分析与不确定性分析等，有些机电工程项目应对环境评价做短期、中期、长期的综合评价。

可行性研究工作完成后，要总结归纳形成有明确结论的可行性研究报告。我国对可行性研究报告的审批权限做出明确规定，必须按规定将编制好的可行性研究报告送交有关部门审批。

2.项目实施阶段

可行性研究报告经审查批准后，一般不允许做变动，项目建设进入实施阶段。实施阶段的主要工作包括勘察设计、建设准备、项目施工、竣工验收投入使用四个程序。

（1）勘察设计

勘察设计是组织施工的重要依据，要按照批准的可行性研究报告的内容进行勘察设计，并编制相应的设计文件。

一般项目设计，按初步设计和施工图设计两个阶段进行，对技术比较复杂、无同类型项目设计经验可借鉴，则在初步设计之后增加技术设计，通过后才能进行施工图设计。大型机电工程项目设计，为做好建设的总体部署，在初步设计前，须进行总体设计，应满足初步设计展开的需要，满足主要大型设备、大宗材料的预安排和土地征用的需要。

施工图设计应当满足设备材料的采购、非标准设备的制作、施工图预算的编制和施工安装等的需要。

所有设计文件除原勘察设计单位外，与建设相关各方均无权进行修改变更，发现确须修改的，应征得原勘察设计单位同意，并出具相应书面文件。有些项目为了进一步优化施工图设计，在招标施工单位时，要求投标单位能进行深化设计作为对施工设计的补充，深化设计的设计文件，也要由原设计单位审查确认或批准。

（2）建设准备

申报建设计划，依据项目规模大小、投资来源实行不同的计划审批，经批准的年度计划是办理拨款或贷款的依据。

列入年度计划的资金到位后可开展各项具体准备工作，包括征地拆迁，场地平整，通水、通电、通路，完善施工图纸、施工招标投标，签订工程承包合同，设备材料订货，办理施工许可，告知质量安全监督机构等。

制订项目建设总体框架控制进度计划，其内容应包含项目投入使用或生产的安排。

（3）项目施工

该阶段是按工程施工设计而形成工程实体的关键程序，须在较长时间内耗费大量的资源但却不产生直接的投资效益，因此管理的重点是进度、质量、安全，从而降低工程建设的投资或成本。最终要通过试运行或试生产全面检验设计的正确性、设备材料制造的可靠性、施工安装的符合性、生产或营运管理的有效性，进入机电工程项目建设竣工验收阶段。

（4）竣工验收

机电工程项目建设竣工后，必须按国家规定的法规办理竣工验收手续，竣工验收通过后机电工程建设项目可以交付使用，所有的投资转为该项目的固定资产，从而开始提取折旧。

竣工验收要做好各类相关资料的整理工作，并编制项目建设决算，按规定向建设档案管理部门移交工程建设档案。

建设工程文件是在工程建设过程中形成的各种形式的信息记录，包括工程准备阶段文件、监理文件、施工文件、竣工图和竣工验收文件。建设工程项目实行总承包的，各分包单位应将本单位形成的工程文件整理、立卷后及时移交总包单位，总包单位负责收集、汇总各分包单位形成的工程档案，应及时向建设单位移交。建设单位在工程竣工验收后三个月内，将列入建设档案管理部门（城建档案馆）接收范围的工程移交一套符合规定的工程档案。

建设单位在组织工程竣工验收前，应提请当地的建设档案管理部门（城建档案管理机构）对工程档案进行预验收；未取得工程档案验收认可文件的，不得组织工程竣工验收。工程档案重点验收内容应符合规定。

大中型机电工程项目的竣工验收应当分预验收和最终验收的两个步骤进行；小型项目可以一次性进行竣工验收。

竣工验收后，建设总承包单位按总承包合同条款约定，实行保修服务。

（三）消防工程的施工顺序

1.承接施工任务，签订施工合同

施工单位获得施工任务的方法主要是通过投标而中标承接。有一些特殊的工程项目可由国家或上级主管部门直接下达给施工单位。不论哪种承接方式，施工单位都要检查其施工项目是否有批准的正式文件，是否列入基本年度计划，是否落实了投资等。

2.全面统筹安排，做好施工规划

接到任务，首先，对任务进行摸底工作，了解工程概况、建设规模、特点、期限；调查建设地区的自然、经济和社会等情况。其次，在此基础上，拟订施工规划或编制施工组织总设计或施工方案，部署施工力量，安排施工总进度，确定主要工程施工方案等。最后，组织施工先遣人员进入现场，与建设单位密切配合，共同做好施工规划确定的各项全局性的施工准备工作，为建设项目正式开工创造条件。

3.落实施工准备，提出开工报告

签订施工合同，施工单位做好全面施工规划的基础上，应认真做好施工准备工作。其内容主要有以下方面：会审图纸；编制和审查单位工程施工组织设计；施工图预算和施工预算；组织好材料的生产加工和运输；组织施工机具进场；建立现场管理机构，调遣施工队伍；施工现场的"三通一平"，临时设施等。具备开工条件后，提出开工报告并经审查批准后，即可正式开工。

4.精心组织施工

开工报告批准后即可进行全面施工。施工前期为与土建工程的配合阶段，要按设计要求将需要预留的孔洞、预埋件等设置好；进线管、过墙管也应按设计要求设置好。施工时，各类线路的敷设应按图纸要求进行，并合乎验收规范的各项要求。

在施工过程中提倡科学管理，文明施工，严格履行经济合同。合理安排施工顺序，组织好均衡连续施工，在施工过程中应着重对工期、质量、成本和安全进行科学的督促、检查和控制，使工程早日竣工，交付使用。

5.竣工验收，交付使用

竣工验收是施工的最后阶段，在竣工验收前，施工单位内部应先进行预验收，检查各分部分项工程的施工质量，整理各项交工验收的技术经济资料、绘制竣工图，最后协同建设单位、设计单位、监理单位完成验收工作。验收合格后，双方签订交接验收证书，办理工程移交，并根据合同规定办理工程结算手续。

三、消防工程施工准备工作

现代企业管理的理论认为，企业管理的重点是生产经营，而生产经营的核心是决策。工程项目消防工程施工准备工作是生产经营管理的重要组成部分，是对拟建工程目标、资源供应和施工方案的选择，及其空间布置和时间排列等诸方面进行的施工决策。

（一）施工准备工作的分类

按工程项目施工准备工作的范围不同，一般可分为全场性施工准备、单位工程施工条件准备和分部（项）工程作业条件准备三种。

按拟建工程所处的施工阶段不同，一般可分为开工前的施工准备和各施工阶段前的施工准备两种。

综上所述，可以看出，不仅在拟建工程开工之前要做好施工准备工作，而且随着工程施工的进展，在各施工阶段开工之前也要做好施工准备工作。施工准备工作既要有阶段性，又要有连贯性，因此施工准备工作必须有计划、有步骤、分期和分阶段地进行，要贯穿拟建工程整个生产过程的始终。

（二）施工准备工作的内容

消防工程项目施工准备工作按其性质及内容通常包括技术准备、物资准备、劳动组织准备、施工现场准备和施工场外准备。

1.技术准备

技术准备是施工准备的核心。由于任何技术的差错或隐患都可能引起人身安全和质量事故，造成生命、财产和经济的巨大损失，因此必须认真地做好技术准备工作。具体包括如下内容：

（1）熟悉、审查设计图纸的程序

施工图是施工生产的主要依据，在施工前，应认真熟悉施工图纸，在明确设计的技术要求，了解设计意图情况下，建设单位、施工单位、设计单位进行图纸会审，解决图纸存在的问题，为了按照施工图施工创造条件。熟悉、审查设计图纸的程序通常分为自审阶段、会审阶段和现场签证三个阶段。

（2）原始资料的调查分析

为了做好施工准备工作，除了要掌握有关拟建工程的书面资料外，还应该进行拟建工程的实地勘测和调查，获得有关数据的第一手资料，这对于拟定一个先进合理、切合实际的施工组织设计是非常必要的，因此须做好以下两方面的调查分析：

①自然条件的调查分析。建设地区自然条件的调查分析的主要内容有地区水准点和绝对标高等情况；地质构造、土的性质和类别、地基土的承载力、地震级别和裂度等情况，河流流量和水质、最高洪水和枯水期的水位等情况，地下水位的高低变化情况。含水层的厚度、流向、流量和水质等情况，气温、雨、雪、风和雷电等情况，土的冻结深度和冬雨季的期限等情况。

②技术经济条件的调查分析。建设地区技术经济条件的调查分析的主要内

容有地方建筑施工企业的状况，施工现场的动迁状况，当地可利用的地方材料状况，国拨材料供应状况，地方能源和交通运输状况，地方劳动力和技术水平状况，当地生活供应、教育和医疗卫生状况，当地消防、治安状况和参加施工单位的力量状况等。

（3）编制施工图预算和施工预算

①编制施工图预算。施工图预算是技术准备工作的主要组成部分之一，这是按照施工图确定的工程量、施工组织设计所拟定的施工方法、建筑工程预算定额及其取费标准，由施工单位编制的确定建筑安装工程造价的经济文件，它是施工企业签订工程承包合同、工程结算、建设银行拨付工程价款、进行成本核算、加强经营管理等方面工作的重要依据。

②编制施工预算。施工预算是根据施工图预算、施工图纸、施工组织设计或施工方案、施工定额等文件进行编制的，它直接受施工图预算的控制。它是施工企业内部控制各项成本支出、考核用工、"两算"对比、签发施工任务单、限额领料、基层进行经济核算的依据。

（4）编制施工组织设计

施工组织设计是施工准备工作的重要组成部分，也是指导施工现场全部生产活动的技术经济文件。建筑施工生产活动的全过程是非常复杂的物质财富再创造的过程，为了正确处理人与物、主体与辅助、工艺与设备、专业与协作、供应与消耗、生产与储存、使用与维修及它们在空间布置、时间排列之间的关系，必须根据拟建工程的规模、结构特点和建设单位的要求，在原始资料调查分析的基础上，编制出一份能切实指导该工程全部施工活动的科学方案（施工组织设计）。

2.物资和劳动力准备

材料、构（配）件、制品、机具和设备是保证施工顺利进行的物资，这些物资的准备工作必须在工程开工之前完成。根据各种物资的需要量计划，分别落实货源，安排运输和储备，使其满足连续施工的要求。

（1）物资准备工作的内容

物资准备工作主要包括建筑材料的准备、构（配）件和制品的加工准备、建筑安装机具的准备和生产工艺设备的准备。

①建筑材料的准备。建筑材料的准备主要是根据施工预算进行分析，按照施工进度计划要求，按材料名称、规格、使用时材料储备定额和消耗定额进行汇

总，编制出材料需要量计划，为组织备料、确定仓库、场地堆放所需的面积和组织运输等提供依据。

②构（配）件、制品的加工准备。根据施工预算提供的构（配）件、制品的名称、规格、质量和消耗量，确定加工方案和供应渠道及进场后的储存地点和方式，编制出其需要量计划，为组织运输、确定堆场面积等提供依据。

③建筑安装机具的准备。根据采用的施工方案，安排施工进度，确定施工机械的类型、数量和进场小时，确定施工机具的供应办法与进场后的存放地点和方式，编制建筑安装机具的需要量计划，为组织运输和确定堆场面积等提供依据。

④生产工艺设备的准备。按照拟建工程生产工艺流程及工艺设备的布置图提出工艺设备的名称、型号、生产能力和需要量，确定分期分批进场时间和保管方式，编制工艺设备需要量计划，为组织运输和确定堆场面积提供依据。

（2）劳动组织准备

劳动组织准备的范围既有整个建筑施工企业的劳动组织准备，又有大型综合的拟建建设项目的劳动组织准备，也有小型简单的拟建单位工程的劳动组织准备。这里仅以一个拟建工程项目为例，说明其劳动组织准备工作的内容如下：

①建立拟建工程项目的领导机构。施工组织机构的建立应遵循以下的原则：根据拟建工程项目的规模、结构特点和复杂程度，确定拟建工程项目施工的领导机构人选和名额；坚持合理分工与密切协作结合起来；把有施工经验、有创新精神、有工作效率的人选入领导机构；认真执行因事设职、因职选人的原则。

②建立精干的施工队组。施工队组的建立要认真考虑专业、工种的合理配合，技工、普工的比例要满足合理的劳动组织，要符合流水施工组织方式的要求，确定建立施工队组是专业施工队组，或混合施工队组，要坚持合理、精干的原则；同时制订出该工程的劳动力需要量计划。

③集结施工力量，组织劳动力进场。工地的领导机构确定之后，按照开工日期和劳动力需要量计划，组织劳动力进场。同时要进行安全、防火和文明施工等方面的教育，并安排好职工的生活。

④向施工队组、工人进行施工组织设计、计划和技术交底。施工组织设计、计划和技术交底的目的是把拟建工程的设计内容、施工计划和施工技术等要求，详尽地向施工队组和工人讲解交代。这是落实计划和技术责任制的好办法。

施工组织设计、计划和技术交底的内容有以下方面：工程的施工进度计划、月（旬）作业计划；施工组织设计，尤其是施工工艺；质量标准、安全技术措施、降低成本措施和施工验收规范的要求；新结构、新材料、新技术和新工艺的实施方案和保证措施；图纸会审中所确定的有关部位的设计变更和技术核定等事项。交底工作应该按照管理系统逐级进行，由上而下直到工人队组。交底的方式有书面形式、口头形式和现场示范形式等。

队组、工人接受施工组织设计、计划和技术交底后，要组织其成员认真分析研究，弄清关键部位、质量标准、安全措施和操作要领。必要时应该进行示范，并明确任务及做好分工协作，同时建立健全岗位责任制和保证措施。

⑤建立健全各项管理制度。工地的各项管理制度是否建立、健全，直接影响其各项施工活动的顺利进行。有章不循其后果是严重的，而无章可循更是危险的。为此，必须建立、健全工地的各项管理制度。

（3）施工现场准备

施工现场是施工的全体参加者为夺取优质、高速、低消耗的目标，而有节奏、均衡连续地进行战术决战的活动空间。施工现场的准备工作，主要是为了给拟建工程的施工创造有利的施工条件和物资保证。其具体内容如下：

①做好施工场地的控制网测量。按照设计单位提供的建筑总平面图及给定的永久性经纬坐标控制网和水准控制基桩，进行厂区施工测量，设置厂区的永久性经纬坐标桩、水准基桩和建立厂区工程测量控制网。

②搞好"三通一平"。

路通：施工现场的道路是组织物资运输的动脉。拟建工程开工前，必须按照施工总平面图的要求，修好施工现场的永久性道路（包括厂区铁路、厂区公路）及必要的临时性道路，形成完整畅通的运输网络，为建筑材料进场、堆放创造有利条件。

水通：水是施工现场的生产和生活不可缺少的。拟建工程开工之前，必须按照施工总平面图的要求，接通施工用水和生活用水的管线，使其尽可能与永久性的给水系统结合起来，做好地面排水系统，为施工创造良好的环境。

电通：电是施工现场的主要动力来源。拟建工程开工前，要按照施工组织设计的要求，接通电力和电信设施，做好其他能源（如蒸汽、压缩空气）的供应，确保施工现场动力设备和通信设备的正常运行。

平整场地：按照建筑施工总平面图的要求，首先拆除场地上妨碍施工的建筑物或构筑物，然后根据建筑总平面图规定的标高和土方竖向设计图纸，进行挖（填）土方的工程量计算，确定平整场地的施工方案，最后进行平整场地的工作。

③做好施工现场的补充勘探。对施工现场做补充勘探是为了进一步寻找枯井、防空洞、古墓、地下管道、暗沟和枯树根等隐蔽物，以便及时拟订处理隐蔽物的方案实施，为基础工程施工创造有利条件。

④建造临时设施。按照施工总平面图的布置，建造临时设施，为正式开工准备好生产、办公、生活、居住和储存等临时用房。

⑤安装、调试施工机具。按照施工机具需要量计划，组织施工机具进场，根据施工总平面图将施工机具安置在规定的地点或仓库。对于固定的机具要进行就位、搭棚、接电源、保养和调试等工作。在开工之前对所有施工机具都必须进行检查和试运转。

⑥做好建筑构（配）件、制品与材料的储存和堆放。按照建筑材料、构（配）件和制品的需要量计划组织进场，根据施工总平面图规定的地点与指定的方式进行储存和堆放。

⑦及时提供建筑材料的试验申请计划。按照建筑材料的需要量计划，及时提供建筑材料的试验申请计划。如钢材的机械性能和化学成分等试验，混凝土或砂浆的配合比和强度等试验。

⑧做好冬雨季施工安排。按照施工组织设计的要求，落实冬雨季施工的临时设施和技术措施。

⑨进行新技术项目的试制和试验。按照设计图纸和施工组织设计的要求，认真进行新技术项目的试制和试验。

⑩设置消防、保安设施。按照施工组织设计的要求，根据施工总平面图的布置，建立消防、保安等组织机构和有关的规章制度，布置安排好消防、保安等措施。

（4）施工的场外准备

施工准备除了施工现场内部的准备工作外，还有施工现场外部的准备工作。其具体内容如下：

①材料的加工和订货。建筑材料、构（配）件和建筑制品大部分均须外购，工艺设备更是如此。如何与加工部门、生产单位联系，签订供货合同，搞好及时

供应，对于施工企业的正常生产是非常重要的；对于协作项目也是这样，除了要签订议定书之外，还必须做大量的有关方面的工作。

②做好分包工作和签订分包合同。由于施工单位本身的力量所限，有些专业工程的施工、安装和运输等需要向外单位委托。根据工程量、完成日期、工程质量和工程造价等内容，与其他单位签订分包合同，保证按时实施。

③向上级提交开工申请报告。当材料的加工与订货及做好分包工作和签订分包合同等施工场外的准备工作后，应该及时地填写开工申请报告，并上报上级批准。

四、施工组织设计

（一）施工组织设计的概念

施工组织设计是根据拟建工程的特点，对人力、材料、机械、资金、施工方法等方面的因素做全面、科学、合理的安排，形成指导拟建工程施工全过程中各项活动的技术、经济和组织的综合性文件，该文件就称为施工组织设计。

（二）施工组织设计的必要性与作用

1.施工组织设计的必要性

编制施工组织设计，有利于反映客观实际，符合建筑产品及施工特点要求，也是建筑施工在工程建设中的地位决定的，更是建筑施工企业经营管理程序的需要。因此编好并贯彻好施工组织设计，就可以保证拟建工程施工的顺利进行，取得好、快、省和安全的施工效果。

2.施工组织设计的作用

施工组织设计不仅是施工准备工作的重要组成部分，更是做好施工准备工作的主要依据和重要保证。

施工组织设计是对拟建工程施工全过程实行科学管理的重要手段，是编制施工预算和施工计划的主要依据，是建筑企业合理组织施工和加强项目管理的重要措施。

施工组织设计是检查工程施工进度、质量、成本三大目标的依据，是建设单位与施工单位之间履行合同、处理关系的主要依据。

（三）施工组织设计的内容

不同类型施工组织设计的内容各不相同，但一个完整的施工组织设计一般应包括以下基本内容：

1. 工程概况。

2. 施工方案。

3. 施工进度计划。

4. 施工准备工作计划。

5. 各项资源须用量计划。

6. 施工平面布置图。

7. 主要技术组织保证措施。

8. 主要技术经济指标。

9. 结束语。

（四）施工组织设计的编制与执行

1. 施工组织设计的编制

①当拟建工程中标后，施工单位必须编制建设工程施工组织设计。建设工程实行总包和分包的，由总包单位负责编制施工组织设计或者分阶段施工组织设计。分包单位在总包单位的总体部署下，负责编制分包工程的施工组织设计。施工组织设计应根据合同工期及有关的规定进行编制，并且要广泛征求各协作施工单位的意见。

②对结构复杂、施工难度大及采用新工艺和新技术的工程项目，要进行专业性的研究，必要时组织专门会议，邀请有经验的专业工程技术人员参加，集中群众智慧，为施工组织设计的编制和实施打下坚实的群众基础。

③在施工组织设计编制过程中，要充分发挥各职能部门的作用，吸收他们参加编制和审定；充分利用施工企业的技术素质和管理素质，统筹安排，扬长避短，发挥施工企业的优势，合理地进行工序交叉配合的程序设计。

④当比较完整的施工组织设计方案提出之后，要组织参加编制的人员及单位进行讨论，逐项逐条地研究，修改后确定，最终形成正式文件，送主管部门审批。

2.施工组织设计的执行

施工组织设计的编制，是为实施拟建工程项目的生产过程提供了一个可行的方案。这个方案的经济效果如何，必须通过实践去验证。施工组织设计贯彻的实质，就是把一个静态平衡方案放到不断变化的施工过程中，考核其效果和检查其优劣的过程，以达到预定的目标。所以施工组织设计贯彻的情况如何，其意义是深远的，为了保证施工组织设计的顺利实施，应做好以下五个方面的工作：

①传达施工组织设计的内容和要求，做好施工组织设计的交底工作。

②制订有关贯彻施工组织设计的规章制度。

③推行项目经理责任制和项目成本核算制。

④统筹安排，综合平衡。

⑤切实做好施工准备工作。

第五章　建筑电气施工

第一节　建筑电气施工基本知识

一、建筑电气安装工程施工三大阶段

（一）施工前准备阶段

1.主要技术准备工作

（1）熟悉、会审图纸

图纸是工程的语言，是施工的依据，开工前，首先应熟悉施工图纸，了解设计内容及设计意图，明确工程所采用的设备和材料，明确图纸所提出的施工要求，明确电气工程和主体工程及其他安装工程的交叉配合，以便及时采取措施，确保在施工过程中不破坏建筑物的结构，不破坏建筑物的美观，不与其他工程发生位置冲突。

（2）熟悉和工程有关的其他技术材料

如施工及验收规范、技术规程、质量检验评定标准及制造厂提供的技术文件，即设备安装使用说明书、产品合格证、试验记录数据表等。

（3）编制施工方案

在全面熟悉施工图纸的基础上，依据图纸并根据施工现场情况、技术力量及技术装备情况，综合做出合理的施工方案。施工方案的编制内容主要包括：

①工程概况。

②主要施工方法和技术措施。

③保证工程质量和安全施工的措施。

④施工进度计划。

⑤主要材料、劳动力、机具、加工件进度。

⑥施工平面规划。

（4）编制工程预算

编制工程预算就是根据批准的施工图纸，在既定的施工方法的前提下，按照现行的工程预算编制的有关规定，按分部、分项的内容，把各工程项目的工程量计算出来，再套用相应的现行定额，累计其全部直接费用（材料费、人工费）、施工管理费、独立费等，最后综合确定单位工程的工程造价和其他经济技术指标等。

通过施工图预算编制，相当于对设计图纸再次进行严格审核，发现不合格的问题或无法购买到的器材等，可及时提请设计部门予以增减或变更。

2.机具、材料的准备

根据施工方案和施工预算，按照图纸做出机具、材料计划，并提出加工订货要求，各种管材、设备及附属制品零件等进入施工现场，使用前应认真检查，必须符合现行国家标准的规定，技术力量、产品质量应符合设计要求，根据施工方案确定的进度及劳动力的需求，有计划地组织施工。

3.组织施工

根据施工方案确定的进度及劳动力的需求，有计划地组织施工队伍进场。

4.全面检查现场施工条件的具备情况

准备工作做得是否充分将直接影响工程的顺利进行，直接影响进度及质量。因此，必须十分重视，并认真做好。

①技术交底使用的施工图必须是经过图纸会审和设计修改后的正式施工图，满足设计要求。

②施工技术交底应依据现行国家施工规范强制性标准，现行国家验收规范，工艺标准，国家已批准的新材料、新工艺进行交底，满足客户的需求。

③技术交底所执行的施工组织设计必须是经过公司有关部门批准了的正式施工组织设计或施工方案。

④施工交底时，应结合本工程的实际情况有针对性地进行，把有关规范、验收标准的具体要求贯彻到施工图中，做到具体、细致，有必要时还应标出具体数据，以控制施工质量，对主要部位的施工将书面和会议交底两者结合，并做出书面交底。好的施工技术交底应达到施工标准与验收规范、工艺要求细化到施工图

中，充分体现施工交底的意图，使施工人员依据技术交底合理安排施工，以使施工质量达到验收标准。

（二）安装施工阶段

1.电气工程与基础施工的配合

基础施工期间，电气施工人员应与土建施工人员密切配合，预埋好电气进户线的管路，由于电气施工图中强、弱电的电缆进户位置、标高、穿墙留洞等内容有的未注明在土建施工图中，因此，施工人员应该将以上内容随土建施工一起预留在建筑中，有的工程将基础主筋作为防雷工程的接地极，对这部分施工时应该配合土建施工人员将基础主筋焊接牢固，并标明钢筋编号引至防雷主引下线，同时，做好隐蔽检查记录，签字应齐全、及时，并注明钢筋的截面、编号、防腐等内容。当防雷部分须单独做接地极时，应配合土建人员，利用已挖好的基础，在图纸标高的位置做好接地极，并按相关规范焊接牢固，做好防腐，并做好隐蔽记录。

2.电气工程与主体工程的配合

当图纸要求管路暗敷设在主体内时，应该配合土建人员做好以下工作：

①按平面位置确定好配电柜、配电箱的位置，然后按管路走向确定敷设位置。应沿最近的路径进行施工，安装图纸标出的配管截面将管路敷设在墙体内。现浇混凝土墙体内敷设时，一般应把管子绑扎在钢筋里侧，这样可以减小管与盒连接时的弯曲。当敷设的钢管与钢筋有冲突时，可将竖直钢筋沿墙面左右弯曲，横向钢筋上下弯曲。

②配电箱处的引上、引下管，敷设时应按配管的多少，按主次管路依次横向排好，位置应准确，随着钢筋绑扎时，在钢筋网中间与配电箱箱体连接敷设一次到位。例如箱体不能与土建同时施工时，应用比箱体高的简易木箱套预埋在墙体内，配电箱引上管敷设至与木箱套上部平齐，待拆下木箱套再安装配电箱箱体。

③利用柱子主筋做防雷引下线时，应根据图纸要求及时与主体工程敷设到位，每遇到钢筋接头时，都需要焊接而且保证其编号自上而下保持不变直至屋面。电气施工人员做到心中有数，为了保证其施工质量，还要与钢筋工配合好，质量管理者还应做好隐蔽记录，及时签字。

④对于土建结构中注明的预埋件，预留的孔、洞应该由土建施工人员负责

预留。电气施工人员要按照设计要求查对核实，符合要求后将箱盒安装好。建筑电气安装工程除与土建工程有密切关系需要协调配合外，还与其他安装工程，如给水排水、采暖、通风工程等有着密切联系，施工前应做好图纸会审工作，避免发生安装位置的冲突。管路互相平行或交叉安装时，要保证满足对安全距离的要求，不能满足时，应采取保护措施。

（三）竣工验收阶段

建筑电气安装工程施工结束后，应进行全面质量检验，合格后办理竣工验收手续。质量检验和验收工程应依据现行电气装置安装工程施工及验收规范，按分项、分部和单位工程的划分，对其保证项目、基本项目和允许偏差项目逐项进行。

工程验收是检验评定工程质量的重要环节，在施工过程中，应根据施工进程，适时对隐蔽工程、阶段工程和竣工工程进行检查验收。工程验收的要求、方法和步骤有别于一般产品的质量检验。

工程竣工验收是对建筑安装企业技术活动成果的一次全面而细致的综合性检查验收。工程建设项目通过竣工验收后，才可以投产使用，形成生产能力。一般工程正式验收前，应由施工单位进行自检预验收，检查工程质量及有关技术资料，发现问题及时处理，充分做好交工验收的准备工作，然后提出竣工验收报告，由建设单位、设计单位、施工单位、当地质检部门及有关工程技术人员共同进行检查验收。

二、建筑电气安装工程施工质量评定和竣工验收

工程项目质量的评定和验收，是施工项目质量管理的重要内容。项目经理必须根据合同和设计图纸的要求，严格执行国家颁发的有关工程项目质量检验评定标准和验收标准，及时地配合监理工程师、质量监督站等有关人员进行质量评定和办理竣工验收交接手续。

工程项目质量评定和验收程序是按分项工程、分部工程、单位工程依次进行的。

（一）建筑电气安装工程施工质量评定

1.人员组成

工程质量评定须设立专门管理系统，由专职质量检查人员全面负责质量的监

督、检查和组织评定工作。施工单位的主管领导、主管技术的工程师、施工技术人员（工长）及班组质量检查人员参加。

2.检验的形式

（1）自检

由安装班组自行检查安装方式是否与图纸相符，安装质量是否达到相关电气规范的要求，对于不需要进行试验的电气装置，要由安装人员测试线路的绝缘性能及进行通电检查。

（2）互检

由施工技术人员或班组之间相互检查。

（3）初次送电前的检查

在系统各项电气性能全部符合要求、安全措施齐全、各用电装置处于断开状态的情况下，进行这项检查。

（4）试运转前的检查

在电气设备经过试验达到交接试验标准、有关的工艺机械设备均正常的情况下，再进行系统性检查，合格后才能按系统逐项进行初送电和试运转。

3.检验的方法

（1）直观检查

用简单工具，如线坠、直尺、水平尺、钢卷尺、塞尺、力矩扳手、普通扳手、试电笔等进行实测及用眼看、手摸、耳听等方法进行检查。电气管线、配电柜、箱的垂直度、水平度，母线的连接状态等项目，通常采用这种检查方式。

（2）仪器测量

使用专用的测试设备、仪器进行检查。线路绝缘检查、接地电阻测定、电气设备耐压试验等，均采用这种检验方式。

4.工程质量等级评定

按照我国现行标准，分项、分部、单位工程质量的评定等级只分为"合格"与"优良"两个等级。

（1）检验批质量评定标准

分项工程分成一个或若干个检验批来验收。检验批合格应符合下列规定：

①主控项目和一般项目的质量经抽样检验合格。

②具有完整的施工操作依据、质量检查记录。

主控项目是保证工程安全和使用功能的重要检验项目，是对安全、卫生、环境保护和公众利益起决定性作用的检验项目，是确定该检验批主要性能的，要求必须达到。

一般项目是除主控项目以外的检验项目，是指保证工程安全和使用功能基本要求的项目，也是应该达到的，只不过对不影响工程安全和使用功能的可以适当放宽一些。

（2）分项工程质量评定标准

对于分项工程的质量评定，由于涉及分部工程、单位工程的质量评定的工程能否验收，所以应仔细评定，以确定能否验收。

要求：分项工程所含的检验批均应符合合格质量的规定；分项工程所含的检验批的质量验收记录应完整。

（3）分部工程质量评定标准

①合格。所含分项工程的质量全部合格。

②优良。所含分项工程的质量全部合格，其中有50%以上为优良（建筑安装工程中，必须含指定的主要分项工程）。

（4）单位工程质量评定标准

①合格。

A.所含分部工程的质量全部合格。

B.质量保证资料应基本齐全。

C.观感质量的评定得分率达到70%以上。

②优良。

A.所含分部工程的质量全部合格，其中有50%以上优良，建筑工程必须含主体与装饰工程，以建筑设备安装工程为主的单位工程，其指定的分部工程必须优良。

B.质量保证资料应基本齐全。

C.观感质量的评定得分率达到85%以上。

③单位工程观感质量评定得分标准如下：

A.抽查或全数检查合格为四级，得分70%。

B.抽查或全数检查优良占20% ～ 49%为三级，得分80%。

C.抽查或全数检查优良占50% ～ 79%为二级，得分90%。

D.抽查或全数检查优良占80%以上为一级，得分100%。

E.抽查或全数检查有一个不合格为五级，不得分。

单位工程由专业技术负责人组织评定，由工程质量监督站核定；单项工程由栋号负责人（工长）组织评定，由施工单位质检员核定；分部工程由施工队一级负责人组织评定，由施工单位质检员核定。

（二）建筑电气安装工程竣工验收

建筑电气工程验收是检验评定工程质量的重要环节，是施工的最后阶段，是必须履行的法定手续。

1.工程验收的依据

①甲、乙双方签订的工程合同。

②现行国家的施工验收规范。

③上级主管部门的有关文件。

④施工图纸、设计文件、设备技术说明及产品合格证。

⑤对从国外引进的新技术或成套设备项目，还应该按照签订的合同和国外提供的设计文件等资料进行验收。

2.须验收的工程应达到的标准

①设备调试、试运转达到设计要求，运转正常。

②施工现场清理完毕。

③工程项目按合同和设计图纸要求全部施工完毕，达到国家规定的质量标准。

④交工时所需的资料齐全。

3.验收的检查内容

①交工工程项目一览表。

②图纸会审记录。

③质量检查记录。

④材料、设备的合格证。

⑤施工单位提出的有关电气设备使用注意事项文件。

⑥工程结算材料、文件和签证单。

⑦交（竣）工工程验收证明书。

⑧根据质量检验评定标准要求，进行质量等级评定。

第二节　建筑电气安装常用材料、工具和仪表

一、建筑电气安装常用材料的认识

（一）常用绝缘导线

建筑电气室内配线工程常用绝缘导线按其绝缘材料分为橡皮绝缘和聚氯乙烯绝缘；按线芯材料分为铜线和铝线；按线芯性能分为硬线和软线。通常按型号加以表示及区分。绝缘导线的型号及主要特点见表5-1。

表5-1　绝缘导线的型号及主要特点

名称	类型		型号		主要特点
			铝芯	铜芯	
塑料绝缘电线	聚氯乙烯绝缘线	普通型	BLV、BLVV（圆形）、BLVVB（平形）	BV、BVV（圆形）、BVVB（平形）	这类电线的绝缘性能良好，制造工艺简便，价格较低。其缺点是对气候适应性能差，低温时变硬发脆，高温或日光照射下增塑剂容易挥发而使绝缘层老化快。因此，在未具备有效隔热措施的高温环境、日光经常照射或严寒地方，宜选择相应的特殊型塑料电线
		绝缘软线		BVR、RV、RVB（平形）、RVS（绞型）	
		阻燃型		ZR-RV、ZR-RVB（平形）、ZR-RVS（绞型）、ZR-RVV	
		耐热型	BLV105	BV105、RV-105	
	丁腈聚氯乙烯复合绝缘软线	双绞复合物软线		RFS	这种电线具有良好的绝缘性能，并具有耐寒、耐油、耐腐蚀、不延燃、不易热老化等性能，在低温下仍然柔软，使用寿命长，远比其他型号的绝缘软线性能优良。适用于交流额定电压250V以下或直流电压500V以下的各种移动电器、无线电设备和照明灯座的连接线
		平形复合物软线		RFB	

（续表）

名称	类型	型号		主要特点
		铝芯	铜芯	
橡皮绝缘电线	棉纱编织橡皮绝缘线	BLX	BX	这类电线弯曲性能较好，对气温适应较广，玻璃丝编织线可用于室外架空线或进户线。但是由于这两种电线生产工艺复，成本较高，已被塑料绝缘线所取代
	玻璃丝编织橡皮绝缘线	BBLX	BBX	
	氯丁橡皮绝缘线	BLXF	BXF	这种电线绝缘性能良好，且耐油、不易霉、不延燃、适应气候性能好、光老化过程缓慢，老化时间约为普通橡皮绝缘电线的两倍，因此适宜在室外敷设。由于绝缘层机械强度比普通橡皮线弱，因此不推荐用于穿管敷设

（二）绝缘材料

1.绝缘油

绝缘油主要用来填充变压器、油开关、浸渍电容器和电缆等。绝缘油在变压器和油开关中，起着绝缘、散热和灭弧作用。在使用中常常受到水分、温度、金属、机械混杂物、光线及设备清洗的干净程度等外界因素的影响。这些因素会加速油的老化，使油的使用性能变坏，而影响设备的安全运行。

2.树脂

树脂是有机凝固性绝缘材料。电工常用树脂有虫胶（洋干漆）、酚醛树脂、环氧树脂、聚氯乙烯、松香等。

（1）天然树脂（虫胶）

天然树脂（虫胶）是东南亚一种植物寄生虫的分泌物，市场上的虫胶为淡黄色或红褐色的薄而脆的小片。其易溶于酒精中，胶黏力强，对云母、玻璃等的黏附力大。虫胶主要是用作洋干漆原料。

（2）环氧树脂

常见的环氧树脂是由二酚基丙烷与环氧丙烷在苛性钠溶液的作用下缩合而成

的。按分子量的大小分类，有低分子量和高分子量两种。电工用环氧树脂以低分子量为主。这种树脂收缩性小，黏附力强，防腐性能好，绝缘强度高，广泛用作电压、电流互感器和电缆接头的浇筑物。

目前，国产环氧树脂有E-51、E-44、E-42、E-35、E-20、E-14、E-12、E-06等。前四种属于低分子量环氧树脂，后四种属于高分子量环氧树脂。

（3）聚氯乙烯

聚氯乙烯是热缩性合成树脂，性能较稳定，有较高的绝缘性能，耐酸、耐蚀，能抵抗大气、日光、潮湿的作用，可用作电缆与导线的绝缘层和保护层。还可以做成电气安装工种中常用的聚氯乙烯管和聚氯乙烯带等。

3.绝缘漆

按其用途可分为浸渍漆、涂漆和胶合漆等。浸渍漆用来浸渍电机和电器的线圈，如沥青漆（黑凡立水）、清漆（清凡立水）和醇酸树脂漆（热硬漆）等；涂漆用来涂刷线圈和电机绕组的表面，如沥青晾干漆、灰磁漆和红磁漆等；胶合漆用于黏合各种物质，如沥青漆和环氧树脂等。

绝缘漆的稀释剂主要有汽油、煤油、酒精、苯、松节油等。不同的绝缘漆要正确选用不同的稀释剂，切不可千篇一律。

4.橡胶和橡皮

橡胶分为天然橡胶和合成橡胶两种。其特性是弹性大、不透气、不透水，且有良好的绝缘性能。但纯橡胶在加热和冷却时，都容易失去原有的性能，所以，在实际应用中常把一定数量的硫黄和其他填料加在橡胶中，然后再经过特别的热处理，使橡胶能耐热和耐冷，这种经过处理的橡胶即称为橡皮。含硫黄25%～50%的橡皮称为硬橡皮，含硫黄2%～5%的橡皮称为软橡皮。软橡皮弹性大，有较高的耐湿性，广泛地用于电线和电缆的绝缘，以及制作橡皮包带、绝缘保护用具（手套、长筒靴及橡皮毡等）。

人造橡胶是碳氢化合物的合成物。这种橡胶的耐磨性、耐热性、耐油性都比天然橡胶要好，但造价比天然橡胶高。人造橡胶中做耐油、耐腐蚀用的氯丁橡胶、丁腈橡胶和硅橡胶等都广泛应用于电气工程中，如丁腈耐油橡胶管作为环氧树脂电缆头引出线的堵油密封层，硅橡胶用来制作电缆头附件等。

5.玻璃丝（布）

电工用玻璃丝（布）是用无碱、铝硼硅酸盐的玻璃纤维制成的。其耐热性高、吸潮性小、柔软、抗拉强度高、绝缘性能好，因而，用其做成许多种绝缘材料，如玻璃丝带、玻璃丝布、玻璃纤维管、玻璃丝胶木板及电线的编织层等。电缆接头中常用无碱玻璃丝带作为绝缘包扎材料，其机械强度好、吸湿性小、绝缘性能好。

6.绝缘包带

绝缘包带又称绝缘包布，在电气安装工程中主要用于电线、电缆接头的绝缘。绝缘包带的种类很多，最常用的有以下三种：

（1）黑胶布带

黑胶布带又称黑胶布，用于电线接头时作为包缠用绝缘材料。其是用干燥的棉布，涂上有黏性、耐湿性的绝缘剂制成。

（2）橡胶带

橡胶带主要用于电线接头时作为包缠绝缘材料，有生橡胶带和混合橡胶带两种。其规格一般宽为20 mm，厚为0.1 ~ 1.0 mm，每盘长度为7.5 ~ 8 m。

（3）塑料绝缘带

采用聚氯乙烯和聚乙烯制成的绝缘胶黏带都称为塑料绝缘胶带。在聚氯乙烯和聚乙烯薄膜上涂敷胶黏剂，卷切而成。塑料绝缘带可以代替布绝缘胶带，也能做绝缘防腐密封保护层，一般可在-15 ~ 60℃内使用。

7.电瓷

电瓷是用各种硅酸盐和氧化物的混合物制成的。电瓷的性质是在抗大气作用上有极大的稳定性、有很高的机械强度、绝缘性和耐热性，不易表面放电。电瓷主要用于制造各种绝缘子、绝缘套管、灯座、开关、插座和熔断器等。

（三）管材及其支持材料

1.金属管

配管工程中常用的金属管有厚壁钢管、薄壁钢管、金属波纹管和普利卡金属套管四类。厚壁钢管又称焊接钢管或低压流体输送钢管（水煤气管），有镀锌和不镀锌之分。薄壁钢管又称电线管。

（1）厚壁钢管（水煤气钢管）

水煤气钢管用作电线、电缆的保护管，可以暗配于一些潮湿场所或直埋于地下，也可以沿建筑物、墙壁或支吊架敷设。明敷设一般在生产厂房中应用较多。

（2）薄壁钢管（电线管）

电线管多用于敷设在干燥场所的电线、电缆的保护管，可以明敷或暗敷。

（3）金属波纹管

金属波纹管也称金属软管或蛇皮管，主要用于设备上的配线，如冷水机组、水泵等。其是用0.5 mm以上的双面镀锌薄钢带加工压边卷制而成，扎缝处有的加石棉垫，有的不加，其规格尺寸与电线管相同。

（4）普利卡金属套管

普利卡金属套管是电线电缆保护套管的更新换代产品，其种类很多，但其基本结构类似，都是由镀锌钢带卷绕成螺纹状，属于可挠性金属套管。其具有搬运方便、施工容易等特点，可用于各种场合的明、暗敷设和现浇混凝土内的暗敷设。

2.塑料管

建筑电气工程中常用的塑料管有硬质塑料管（PVC管）、半硬质塑料管和软塑料管。

（1）硬质塑料管（PVC管）

PVC硬质塑料管适用于民用建筑或室内有酸、碱腐蚀性介质的场所。由于塑料管在高温下机械强度下降，老化加速，因此，环境温度在40℃以上的高温场所不应使用。在经常发生机械冲击、碰撞、摩擦等易受机械损伤的场所也不应使用。

PVC塑料管应具有耐热、耐燃、耐冲击等性能，并有产品合格证，内外径应符合现行国家统一标准。外观检查管壁壁厚应均匀一致，无凸棱、凹陷、气泡等缺陷。在电气线路中使用的硬质PVC塑料管必须有良好的阻燃性能。PVC塑料管配管工程中，应使用与管材相配套的各种难燃材料制成的附件。

（2）半硬质塑料管

半硬质塑料管多用于一般居住建筑和办公建筑等干燥场所的电气照明工程中，暗敷布线。

半硬质塑料管可分为难燃平滑塑料管和难燃聚氯乙烯波纹管（简称塑料波纹管）两种。

（3）鞍形管卡

鞍形管卡用钢板或用扁钢制成，与钢管壁接触，两端用木螺钉、胀管直接固定在墙上。

（4）塑料管卡

用木螺钉、胀管将塑料管卡直接固定在墙上，然后用力将塑料管压入塑料管卡中。

3.固结材料

常用的固结材料除一般常见的圆钉、扁头钉、自攻螺钉、铝铆钉及各种螺钉外，还有直接固结于硬质基体上所采用的水泥钉、射钉、塑料胀管和膨胀螺栓。

（1）水泥钢钉

水泥钢钉是一种直接打入混凝土、砖墙等的手工固结材料。钢钉应有出厂合格证及产品说明书。操作时最好先将钢钉钉入被固定件内，再往混凝土、砖墙等上钉。

（2）射钉

射钉是采用优质钢材，经过加工处理后制成的新型固结材料，具有很高的强度和良好的韧性。射钉与射钉枪、射钉弹配套使用，利用射钉枪去发射钉弹，使弹内火药燃烧释放的能量，将各种射钉直接钉入混凝土、砖砌体等其他硬质材料的基体中，将被固定件直接固定在基体上。利用射钉固结，便于现场及高空作业，施工快速简便，劳动强度低，操作安全可靠。射钉分为普通射钉、螺纹射钉和尾部带孔射钉。射钉杆上的垫圈起导向定位作用，一般用塑料或金属制成。尾部有螺纹的射钉便于在螺纹上直接拧螺钉。尾部带孔的射钉用于悬挂连接件。射钉弹、射钉和射钉枪必须配套使用。

（3）膨胀螺栓

膨胀螺栓由底部呈锥形的螺栓、能膨胀的套管、平垫圈、弹簧垫片及螺母组成，用电锤或冲击钻钻孔后安装于各种混凝土或砖结构上。螺栓自铆，可代替预埋螺栓，铆固力强，施工方便。

安装膨胀螺栓，用电锤钻孔时，钻孔位置要一次定准，一次钻成，避免位移、重复钻孔，造成"孔崩"。钻孔直径与深度，应符合膨胀螺栓的使用要求。一般在强度低的基体（如砖结构）上打孔，其钻孔直径要比膨胀螺栓直径缩小 1 ~ 2 mm。钻孔时，钻头应与操作平面垂直，不得晃动和来回进退，以免孔眼扩大，影响锚固力。当钻孔遇到钢筋时，应避开钢筋，重新钻孔。

（4）塑料胀管

塑料胀管是以聚乙烯、聚丙烯为原料制成的。这种塑料胀管比膨胀螺栓的抗拉、抗剪能力要低，适用于静定荷载较小的材料。使用塑料胀管，当往胀管内拧入木螺钉时，应顺胀管导向槽拧入，不得倾斜拧入，以免损坏胀管。

二、建筑电气安装常用工具的使用

（一）电工工具

1.低压验电器

低压验电器又称测电笔（简称电笔），有数字显示式和发光式两种。发光式低压验电笔又有钢笔式和螺丝刀式（又称旋凿式或起子式）两种。

发光式低压验电器使用时，必须手指触及笔尾的金属部分，并使氖管小窗背光且朝自己，以便观测氖管的亮暗程度，防止因光线太强造成错误判断。

当用电笔测试带电体时，电流经带电体、电笔、人体及大地形成通电回路，只要带电体与大地之间的电位差超过60 V时，电笔中的氖管就会发光。低压验电器检测的电压范围为60 ～ 500 V。

使用低压验电笔的注意事项：

①使用前，必须在有电源处对验电器进行测试，以证明该验电器确实良好，方可使用。

②验电时，应使验电器逐渐靠近被测物体，直至氖管发亮，不可直接接触被测体。

③验电时，手指必须触及笔尾的金属体，否则带电体也会错误判断为非带电体。

④验电时，要防止手指触及笔尖的金属部分，以免造成触电事故。

2.高压验电器

高压验电器主要用来检验设备对地电压在250 V以上的高压电气设备。目前，广泛采用的有发光型、声光型、风车式三种类型。它们一般都是由检测部分（指示器部分或风车）、绝缘部分、握手部分三大部分组成。绝缘部分是指自指示器下部金属衔接螺钉起至罩护环止的部分；握手部分是指罩护环以下的部分。

其中，绝缘部分、握手部分根据电压等级的不同其长度也不相同。

使用高压验电器的注意事项：

①使用的高压验电器必须是经电气试验合格的验电器，高压验电器必须定期试验，确保其性能良好。

②使用的高压验电器必须穿戴高压绝缘手套、绝缘鞋，并有专人监护。

③在使用验电器之前，除应首先检验电器是否良好、有效外，还应在电压等级相适应的带电设备上检验报警正确，方能到需要接地的设备上验电；禁止使用电压等级不对应的验电器进行验电，以免现场测验时得出错误的判断。

④验电时必须精神集中，不能做与验电无关的事，如接打手机等，以免错验或漏验。

⑤使用验电器进行验电时，必须将绝缘杆全部拉出到位。

⑥对线路的验电应逐相进行，对联络用的断路器或隔离开关或其他检修设备验电时，应在其进出线两侧各相分别验电。

⑦对同杆塔架设的多层电力线路进行验电时，先验低压，后验高压，先验下层，后验上层。

⑧在电容器组上验电，应待其放电完毕后再进行。

⑨验电时让验电器顶端的金属工作触头逐渐靠近带电部分，至氖管发光或发出声响报警信号为止，不可直接接触电气设备的带电部分，验电器不应受邻近带电体的影响，以致发出错误的信号。

⑩验电时如果需要使用梯子时，应使用绝缘材料的牢固梯子，并应采取必要的防滑措施，禁止使用金属材料梯。

⑪验电完备后，应立即进行接地操作，验电后因故中断未及时进行接地，若需要继续操作必须重新验电。

3.电工刀

电工刀是用来剖削电线线头、切割木台缺口、削制木榫的专用工具。

剥导线绝缘层时，刀口朝外以45°角倾斜推削，用力要适当，不可以损伤导线金属体。电工刀的刀口应在单面上磨出呈圆弧状的刃口。在剖削绝缘体的绝缘层时，必须使用圆弧状刀面贴在导线上进行切割，这样刀口就不易损伤线芯。

使用电工刀时的注意事项：

①不得用于带电作业，以免触电。

②应将刀口朝外剖削，并注意避免伤及手指。

③剖削导线绝缘层时，应使刀面与导线成较小的锐角，以免割伤导线。

④使用完毕，随即将刀身折进刀柄。

4.螺钉旋具

螺钉旋具又称螺丝刀、起子，主要用来紧固和拆卸螺钉。螺钉旋具的种类很多，按头部形状不同分为"一"字形和"十"字形两种，按柄部材料和结构不同分为木柄和塑料柄两种。

使用螺丝刀时，螺丝刀较大时，除大拇指、食指和中指要夹住握柄外，手掌还要顶住柄的末端以防旋转时滑脱；螺丝刀较小时，用大拇指和中指夹着握柄，同时，用食指顶住柄的末端用力旋动；螺丝刀较长时，用右手压紧手柄并转动，同时，左手握住起子的中间部分（不可放在螺钉周围，以免将手划伤），以防止起子滑脱。

使用螺丝刀时的注意事项：

①带电作业时，手不可触及螺丝刀的金属杆，以免发生触电事故。

②作为电工，不应使用金属杆直通握柄顶部的螺丝刀。

③为防止金属杆触到人体或邻近带电体，金属杆应套上绝缘管。

5.钢丝钳

钢丝钳在电工作业时，用途广泛。钳口可用来弯绞或钳夹导线线头；齿口可用来紧固或起松螺母；刀口可用来剪切导线或钳削导线绝缘层；侧口可用来铡切导线线芯、钢丝等较硬线材。

使用钢丝钳时的注意事项：

①使用前，应检查钢丝钳绝缘是否良好，以免带电作业时造成触电事故。

②在带电剪切导线时，不得用刀口同时剪切不同电位的两根线（如相线与零线、相线与相线等），以免发生短路事故。

6.尖嘴钳

尖嘴钳因其独特的尖细头设计，适用于在狭小的工作空间进行精细操作。尖嘴钳有铁柄和绝缘柄两种。

尖嘴钳可用来剪断较细小的导线，可用来夹持较小的螺钉、螺帽、垫圈、导线等，也可用来对单股导线整形（如平直、弯曲等）。若使用尖嘴钳带电作业，应检查其绝缘是否良好，并在作业时注意金属部分不要触及人体或邻近的带电体。

7.断线钳

断线钳又称斜口钳，专用于剪断各种电线电缆。钳柄有铁柄、管柄和绝缘柄三种形式。对粗细不同、硬度不同的材料，应选用大小合适的断线钳。

8.剥线钳

剥线钳是专用于剥削较细小导线绝缘层的工具。

使用剥线钳剥削导线绝缘层时，先将要剥削的绝缘长度用标尺定好，然后将导线放入相应的刃口中（比导线直径稍大），再用手将钳柄一握，导线的绝缘层即被剥离。

9.液压钳

液压钳用于进行导线的连接和端接。

液压钳使用时的注意事项：

①接导线时，压到上、下压模微触即可。若在上、下压模微触后继续加压，则会损坏零件。

②使用液压钳时，钳头和压模禁止敲击，以免变形和损坏。

③不宜在酸、碱及腐蚀性气体中使用。

④液压钳须保持有足够的、洁净的32号机油。

10.扳手

常用的扳手有活动扳手、梅花扳手、套筒扳手和扭矩扳手。

（1）活动扳手

活动扳手又称活动扳手，是用来紧固和起松螺母的一种专用工具。活动扳手由头部和柄部组成。头部由活络扳唇、扳口、蜗轮和轴销等构成。旋动蜗轮可以调节扳口的大小。活动扳手的规格用"长度×最大开口宽度"（单位：mm）来表示，电工常用的活动扳手有150 mm×19 mm、200 mm×24 mm、250 mm×30 mm和300 mm×36 mm四种规格。

使用活动扳手时的注意事项：

①扳动大螺母时，需要较大力矩，手应握在近尾柄处。

②扳动小螺母时，需要力矩不大，但螺母过小易打滑，故手应握在近头部的地方，可随时调节蜗轮，收紧活络扳唇防止打滑。

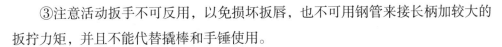

③注意活动扳手不可反用，以免损坏扳唇，也不可用钢管来接长柄加较大的扳拧力矩，并且不能代替撬棒和手锤使用。

（2）梅花扳手

梅花扳手是用来紧固和起松螺母的一种专用工具，有单头和双头之分。双头梅花扳手的两端都有一个梅花孔，它们分别与两种相邻规格的螺母相对应。

（3）套筒扳手

套筒扳手其用来拧紧或旋松有沉孔的螺母，或在无法使用活动扳手的地方使用。套筒扳手由套筒和手柄两部分组成。套筒应配合螺母规格选用，它与螺母配合紧密，不伤螺栓。套筒扳手使用时省力，工作效益高。

（4）扭矩扳手

扭矩扳手是在有些连接螺栓要求定值扭矩进行拧紧时使用。这里介绍一下TL型预置扭矩扳手。TL型预置扭矩扳手，其具有预设扭矩数值和声响装置。当紧固件的拧紧扭矩达到预设数值时，能自动发出咔嗒的一声，同时伴有明显的手感振动，提示完成工作。解除作用力后，扳手各相关零件能自动复位。

扭矩扳手的使用方法如下：

①根据工件所需扭矩值的要求，确定预设扭矩值。

②预设扭矩值时，将扳手手柄上的锁定环下拉，同时转动手柄，调节标尺主刻度线和微分刻度线数值至所需扭矩值。调节好后，松开锁定环，手柄自动锁定。

③在扳手方榫上安装相应规格的套筒，并套住紧固件，再在手柄上缓慢用力。施加外力时必须按标明的箭头方向。当拧紧到发出咔嗒的一声（已达到预设扭矩值），停止加力。一次作业完毕。

④大规格扭矩扳手使用时，可外加接长套杆以便操作省力。

⑤如长期不用，调节标尺刻线退至扭矩最小数值处。

扭矩扳手使用时的注意事项：

①使用时不能用力过猛，不能超出扭矩范围使用，听到咔嗒声后应及时解除作用力。

②扳手应轻拿轻放，不得代替榔头敲打。

③存放在干燥处，以免日久锈蚀。

④大规格扭矩扳手采用加力杆，操作时与扳手手柄连接，使工作省力。

（二）安装工具

1.电钻

电钻是一种在金属、塑料及类似材料上钻孔的工具，是电动工具中较早开发的产品。

电钻的种类有台式钻床、手提式、手枪式，以及冲击电钻。

电钻常用的钻头是麻花钻，柄部是用来夹持、定心和传递动力的，钻头直径为13 mm以下的，一般制成直柄式；钻头直径为13 mm以上的，一般制成锥柄式。

2.冲击电钻

冲击电钻是一种旋转带冲击的工具，主要用于轻质混凝土、砖墙或类似材料上钻孔，被广泛应用于建筑、水电安装、电信线路、机械施工等部门。

冲击电钻一般制成可调式结构。当调节环在旋转无冲击位置时，装上普通麻花钻头能在金属上钻孔；当调节环在旋转带冲击位置时，装上镶有硬质合金的钻头，能在砖石、混凝土等脆性材料上钻孔，单一的冲击是非常轻微的，但每分钟40 000多次的冲击频率可产生连续的力。

3.电锤

电锤是电钻中的一类，主要用来在混凝土、楼板、砖墙和石材上钻孔。还有多功能电锤，调节到适当位置配上适当钻头可以代替普通电钻、电镐使用。

电锤是依靠旋转和锤打来工作的。钻头为专用的电锤钻头，单个锤打力非常强，并具有每分钟1000 ~ 3000次的捶打频率，可产生显著的力。电锤凿孔时，电锤应垂直于作业面，不允许电锤钻在孔内左右摆动，否则会影响成孔质量和损坏电锤钻。在凿深孔时，应注意电锤钻的排屑情况，及时将电锤钻退出，反复掘进，不可贪功冒进，以免出屑困难使电锤钻发热磨损，降低凿孔效率。

4.射钉枪

射钉枪又称射钉器，是现代射钉紧固技术产品，能发射射钉，属于直接固结技术，是木工、建筑施工等必备的手动工具。射钉器击发射钉，直接打入钢铁、混凝土和砖砌体或岩石等基体中，不需要外带能源如电源、风管等，因为射钉弹自身含有可产生爆炸性推力的药品，把钢钉直接射出，从而将需要固定的构件，如门窗、保温板、隔声层、装饰物、管道、钢铁件、木制品等与基体牢固地连接在一起。

（三）其他工具

1.管子台虎钳

管子台虎钳，又称管子压力钳、龙门钳，是常用的管道工具。其用于夹稳金属管，进行铰制螺纹、切断及连接管子等作业。

2.管子钳

管子钳一般用来夹持和旋转钢管类工件，广泛用于石油管道和民用管道安装。管子钳可以通过钳住管子使它转动完成连接，其工作原理就是将钳力转换进入扭力，用在扭动方向的力更大也就能将管道钳得更紧。

3.管子割刀

管子割刀是专用于管子切割的工具。

4.弯管器

弯管器的种类很多，最简单的是弹簧弯管器，最常用的是液压弯管器。

三、建筑电气安装常用仪表的使用

（一）钳形电流表

1.钳形电流表的基本结构及外形

钳形电流表实质上是由一只电流互感器、钳形扳手和一只整流式磁电系有反作用力仪表组成。

2.钳形电流表的使用方法

①在测量之前，应根据被测电流大小、电压的高低选择适当的量程。若对被测量值无法估计时，应从最大量程开始，逐渐变换合适的量程，但不允许在测量过程中切换量程挡，即应松开钳口换挡后再重新夹持载流导体进行测量。

②测量时，为使测量结果准确，被测载流导体的位置应放在钳形口的中央。

钳口要紧密接合，如遇有杂音时可重新开口一次再闭合。若杂音仍存在，应检查错口有无杂物和污垢，待清理干净后再进行测量。

③测量小电流时，为了获得较准确的测量值，可以设法将被测载流导线多绕几圈夹进钳口进行测量。但此时仪表测量的不是欲测的电流值，应当把读数除以导线绕的圈数才是实际的电流值。

④测量完毕后，一定要把仪表的量程开关置于最大量程位置上，以防下次使用时忘记换量程而损害仪表。使用完毕后，将钳形电流表放入匣内保存。

3.钳形电流表使用时的注意事项

①应在无雷雨、干燥的天气下进行测量，一般情况一人操作，一人监护，夜间还要有足够的照明。测量时，手与带电部分的安全距离应保持在10 cm以上。遇雷雨天气，禁止在户外使用。

②测量裸导体上的电流时，要特别注意防止引起相间短路或接地短路。

③钳形电流表要轻拿轻放，防止振动，不要随意存放，应存放在专用箱内，以免受潮。

④钳形电流表一般用于测量配电变压器低压侧或电动机的电流，严禁在高压线路上使用，以免击穿绝缘触电。

（二）万用表

1.指针式万用表

（1）万用表的基本结构及外形

万用表主要由指示部分、测量电路和转换装置三部分组成。指示部分通常为磁电式微安表，俗称表头；测量部分是把被测的电量转换为适合表头要求的微小直流电流，通常包括分流电路、分压电路和整流电路；不同种类电量的测量及量程的选择是通过转换装置来实现的。

（2）万用表的使用方法

①端钮（或插孔）选择要正确。红色表笔连接线要接到红色端钮上（或标有"+"号的插孔内），黑色表笔的连接线应接到黑色端钮上（或接到标有"–"号的插孔内）。有的万用表备有交、直流2500 V的测量端钮，使用时黑色测试棒仍接黑色端钮（或"–"号插孔内），而红色测试棒接到2500 V的端钮上（或

"DB"插孔内）。

②转换开关位置的选择要正确。根据测量对象将转换开关转到需要的位置上。如测量电流时，应将转换开关转到相应的电流挡，测量电压时转到相应的电压挡。有的万用表面板上有两个转换开关：一个用来选择测量种类，另一个用来选择测量量程。使用时应先选择测量种类，然后选择测量量程。

③量程选择要合适。根据被测量的大致范围，将转换开关转至该种类的适当量程上。测量电压或电流时，最好使指针在量程的1/2 ～ 2/3，这样读数较为准确。

④正确进行读数。在万用表的标度盘上有很多标度尺，它们分别适用于不同的被测对象。因此，测量时，在对应的标度尺上读数的同时，还应注意标度尺读数和量程挡的配合，以避免差错。

⑤欧姆挡的正确使用。

A.选择合适的倍率挡。测量电阻时，倍率挡的选择应以使指针停留在刻度线较稀的部分为宜。指针越接近标度尺的中间，则读数越准确；越向左时刻度线越密，读数的准确度则越差。

B.调零。测量电阻之前，应将两根测试棒碰在一起，同时转动"调零旋钮"，使指针刚好指在欧姆标度尺的零位上，这一步骤称为欧姆挡调零。每换一次欧姆挡，测量电阻之前都要重复这一步骤，从而保证测量的准确性。如果指针不能调到零位，说明电池电压不足，需要更换。

C.不能带电测量电阻。测量电阻时，万用表是由干电池供电的，被测电阻绝不能带电，以免损坏表头。在使用欧姆挡间隙中，不要让两根测试棒短接，以免浪费电池。

（3）指针万用表使用时的注意事项

①在使用万用表时要注意，手不可触及测试棒的金属部分，以保证安全和测量的准确度。

②在测量较高电压或较大电流时，不能带电转动转换开关，否则有可能使开关烧坏。

③万用表用完后，最好将转换开关转到交流电压最高量程挡，此挡对万用表最安全，以防下次测量时疏忽而损坏万用表。

④当测试棒接触被测线路前应再做一次全面的检查，看一看各部分位置是否有误。

2.数字万用表

随着科技的不断发展，数字式测量仪表已成为主流，有取代模拟式仪表的趋势。与模拟式仪表相比，数字式仪表灵敏度高，准确度高，显示清晰，过载能力强，便于携带，使用更简单。

（1）使用方法

①使用前，应认真阅读有关的使用说明书，熟悉电源开关、量程开关、插孔、特殊插口的作用。

②将电源开关置于ON位置。

③交直流电压的测量：根据需要将量程开关拨至DCV（直流）或ACV（交流）的合适量程，红表笔插入V/Ω孔，黑表笔插入COM孔，并将表笔与被测线路并联，读数即显示。

④交直流电流的测量：将量程开关拨至DCA（直流）或ACA（交流）的合适量程，红表笔插入mA孔（＜20 mA时）或10 A孔（＞200 mA时），黑表笔插入COM孔，并将万用表串联在被测电路中即可。测量直流量时，数字万用表能自动显示极性。

⑤电阻的测量：将量程开关拨至Ω的合适量程，红表笔插入V/Ω孔，黑表笔插入COM孔。如果被测电阻值超出所选择量程的最大值，万用表将显示"1"，这时应选择更高的量程。测量电阻时，红表笔为正极，黑表笔为负极，这与指针式万用表正好相反。因此，测量晶体管、电解电容器等有极性的元器件时，必须注意表笔的极性。

（2）注意事项

①如果无法预先估计被测电压或电流的大小，则应先拨至最高量程挡测量一次，再视情况逐渐把量程减小到合适位置。测量完毕，应将量程开关拨至最高电压挡，并关闭电源。

②满量程时，仪表仅在最高位显示数字"1"，其他位均消失，这时应选择更高的量程。

③测量电压时，应将数字万用表与被测电路并联。测电流时应与被测电路串

联，测直流量时不必考虑正、负极性。

④当误用交流电压挡去测量直流电压，或者误用直流电压挡去测量交流电压时，显示屏将显示"000"，或低位上的数字出现跳动。

⑤禁止在测量高电压（220 V以上）或大电流（0.5 A以上）时更换量程，以防止产生电弧，烧毁开关触点。

⑥当显示"——""BATT"或"LOW BAT"时，表示电池电压低于工作电压。

第六章　室内外配电线路安装

第一节　室内配电线路安装

一、室内配电线路安装一般要求

（一）线路敷设方式

室内配电线路按其敷设方式，可分为明敷设和暗敷设两种。所谓明敷设，就是将绝缘导线直接或穿于管子、线槽等保护体内，敷设于墙壁、顶棚的表面及桁架、支架等处；所谓暗敷设，就是将绝缘导线穿于管子、线槽等保护体内，敷设于墙壁、顶棚、地坪及楼板等的内部。具体常用敷设（配线）方法有瓷瓶配线、管子配线、桥架或线槽配线、塑料护套线配线、钢索配线等，当前瓷瓶配线已基本不用。随着高层建筑越来越多，在竖井内配线的方式也就越来越多。

（二）室内配线的基本要求

尽管室内配线方法较多，而且不同配线方法的技术要求也各不相同，但都要符合室内配线的基本要求，也可以说是室内配线应遵循的基本原则。

1.安全。必须保证室内配电线路及电器、设备的安全运行。

2.可靠。保证线路供电的可靠性和室内电器、设备运行的可靠性。

3.方便。保证施工和运行操作的方便，还要保证使用维修的方便。

4.美观。不因室内配线及电器设备的安装而影响建筑物或室内的美观，相反，应有助于建筑物的美化和室内装饰。

5.经济。在保证安全、可靠、方便、美观和具有发展可能的条件下，应考虑其经济性，尽量选用最合理的施工方法，达到最理想的效果，节约资金。

（三）施工过程质量控制一般规定

线路施工往往是建筑电气安装的开始，要求施工人员一开始就要明白过程中质量控制的规定。

1.施工现场质量管理应有相应的施工技术标准，健全的质量管理体系、施工质量检验制度和综合施工质量水平评定考核制度。安装电工、焊工、起重吊装和电气调试人员等按有关要求持证上岗；安装和调试用各类计量器具，应检定合格，使用时在有效期内。

2.除设计要求外，在承力建筑钢结构构件上，不得采用熔焊连接固定电气线路、设备和器具的支架、螺栓等部件，且严禁热加工开孔。

3.高低压之分。额定电压交流1 kV以下、直流1.5 kV以下的应为低压电器设备、器具和材料；额定电压大于交流1 kV、直流1.5 kV的应为高压电器设备、器具和材料。

4.电气设备上的计量仪表和与电气保护有关的仪表应检定合格，当投入试运行时，应在有效期内。

5.建筑电气动力工程的空载试运行和建筑电气照明工程的负荷试运行；建筑电气动力工程的负荷试运行，应依据电气设备及相关建筑设备的种类、特性，编制试运行方案或作业指导书，经施工单位审查批准、监理单位确认后执行。

6.动力和照明工程的漏电保护装置应做模拟动作试验。

7.接地PE或接零PEN支线必须单独与接地PE或接零PEN干线相连接，不得串联连接。

8.送至建筑智能化工程变送器的电量信号精度等级应符合设计要求，状态信号应正确；接收建筑智能化工程的指令应使建筑电气工程的自动开关动作符合指令要求，且手动、自动切换功能正常。

（四）一般施工程序

1.定位画线。根据施工图纸，确定电器安装位置，导线敷设途径及导线穿过墙壁和楼板的位置。

2.预留预埋。在土建施工时配合土建搞好预埋预留工作，如不可能也应在土建抹灰前，将配线所有的固定点打好膨胀螺栓或孔洞，埋设好支持构件。

3.装设绝缘支持物、线夹、支架或保护管。

4.敷设导线。

5.安装灯具及电器设备。

6.测试导线绝缘，连接导线。

7.校验、自检、试通电。

8.工程报验。

9.质量验收。

二、线管配线

（一）配管一般规定

电线保护管的种类很多，但敷设方式只有明敷和暗敷两种，且均应符合配管一般规定。

1.敷设在多尘或潮湿场所的电线保护管，管口及其各连接处均应密封。

2.当线路暗配时，电线保护管宜沿最近的路线敷设，尽量减少弯曲。埋入建筑物、构筑物内的电线保护管，与建筑物、构筑物表面的距离不应小于15 mm。

3.进入落地式配电箱的电线保护管，排列应整齐，管口宜高出配电箱基础面50 ～ 80 mm。

4.电线保护管不宜穿过设备或建筑物、构筑物的基础，当必须穿过时，应采取加保护管保护的措施。

5.电线保护管的弯曲处，不应有折皱、凹陷和裂缝，弯扁程度不应大于管外径的10%。其弯曲半径应符合下面规定：

①当线路明配时，弯曲半径不宜小于管外径的6倍；当两个接线盒间只有一个弯曲时，其弯曲半径不宜小于管外径的4倍。

②当线路暗配时，弯曲半径不应小于管外径的6倍；当埋设于地下或混凝土内时，其弯曲半径不应小于管外径的10倍。

6.当电线保护管遇下列情况之一时，中间应增设接线盒或拉线盒，且接线盒或拉线盒的位置应便于穿线：

①管长度每超过30 m，无弯曲。

②管长度每超过20 m，有1个弯曲。

③管长度每超过 15 m，有 2 个弯曲。

④管长度每超过 8 m，有 3 个弯曲。

7.垂直敷设电线保护管遇下列情况之一时，应增设固定导线用的拉线盒：

①管内导线截面 50 mm² 以下，长度每超过 30 m。

②管内导线截面 70 ~ 95 mm²，长度每超过 20 m。

③管内导线截面 120 ~ 240 mm²，长度每超过 18 m。

8.水平或垂直敷设的明配电线保护管，其水平或垂直安装的允许偏差为 1.5%，全长偏差不应大于管内径的 1/2。

9.金属导管必须接地（PE）或接零（PEN）可靠。镀锌的钢导管、可挠性金属管不得熔焊跨接接地线，以专用接地卡跨接的两卡间连线为铜芯软导线，截面积不小于 4 mm²。

10.金属导管严禁对口熔焊连接；镀锌和壁厚小于等于 2 mm 的钢导管不得套管熔焊连接。

（二）线管选择

在施工时，应根据设计施工图的要求选择线管。通常选择线管应先根据线管敷设环境来决定采用哪种管子，再根据所需穿导线根数决定管子的规格。

薄壁金属管（电线管）通常用于室内干燥场所吊顶、夹板墙内敷设，也可暗敷于墙体及混凝土内。厚壁管用于室外场所明敷和在机械载重场所暗敷，也可经防腐处理后直接埋入泥土地。镀锌管通常使用在室外和防爆场所（厚壁无缝管），也可在有腐蚀性的土层中暗敷。

硬塑料管适用于室内酸、碱等腐蚀性介质场所的明敷，也可敷设于混凝土内，但只能使用中型或重型管。明敷的硬塑料管在穿过楼板等易受机械损伤的地方，应有钢管保护。硬塑料管不准用在高温场所，也不应在易受机械损伤的场所敷设。半硬塑料管使用很少。

管子规格的选择应根据管内所穿导线的根数和截面决定，一般规定管内导线的总截面积（包括外护层）不应超过管子内径截面积的 40%。

所选用的线管不应有裂缝和扁折，无堵塞，钢管管内应无铁屑及毛刺，切断口应锉平，管口应刮光。

（三）线管加工

需要敷设的线管，应在敷设前进行一系列的加工，如钢管的防腐、切割套丝和弯曲等。

1.钢管的防腐处理

对于非镀锌钢管（俗称黑铁管），为防止生锈，在配管前应对管子的内壁、外壁除锈、刷防腐漆。管子内壁除锈，可用圆形钢丝刷，两头各绑一根铁丝，穿过管子，来回拉动钢丝刷，把管内铁锈清除干净。管子外壁除锈，可用钢丝刷打磨，也可用电动除锈机。除锈后，将管子的内外表面涂以防腐漆。

钢管外壁刷漆要求与敷设方式有关，具体如下：

①埋入混凝土内的钢管外壁可不刷防腐漆。

②直埋于土层内的钢管外壁应刷两道沥青或使用镀锌钢管。

③采用镀锌钢管时，锌层剥落处应刷防腐漆。

④埋入砖墙内的钢管应刷红丹漆等防锈漆。

⑤明敷钢管应刷一道防锈漆、一道面漆（若设计无规定颜色，一般用灰色漆）。

⑥设计有特殊要求时，应按设计规定进行防腐处理。电线管一般因为已刷防腐黑漆，故只须在管子焊接处、连接处及漆脱落处补刷同样色漆。

2.管子切割

在进行配管工作之前，务必根据所需实际长度对管子进行切割。

（1）钢管的切割

钢管的切割方法很多，管子批量较大时，可以使用型钢切割机（无齿锯）。批量较小时，可使用钢锯或割管器（管子割刀）。严禁用电、气焊切割钢管。

管子切断后，断口处应与管轴线垂直，管口应锉平、刮光，使管口整齐光滑。

（2）硬质塑料管切割

硬质塑料管的切断多用钢锯条，硬质PVC塑料管用锯条切断时，应直接锯到底，也可以使用厂家配套供应的专用截管器裁剪管子。应边稍转动管子边进行裁剪，使刀口易于切入管壁，刀口切入管壁后，应停止转动PVC管（以保证切口平整），继续裁剪，直至管子切断为止。

3.钢管套丝

钢管敷设过程中管子与管子的连接，管子与器具及与盒（箱）的连接，均须在管子端部套丝。

水煤气钢管套丝可用管子铰板或电动套丝机。电线管套丝，可用圆丝板，圆丝板由板架和板牙组成。

套丝时，先将管子固定在管子台虎钳（管子压力）上，再把铰板套在管端，并调整铰板的活动刻度盘，使板牙符合需要的距离，且用固定螺钉固定，再调整铰板的三个支承脚，使其紧贴管子，防止套丝时出现斜丝。铰板调整好后，手握铰板手柄，平稳向里推进，并按顺时针方向转动。

管端套丝长度与钢管丝扣连接的部位有关。用在与接线盒、配电箱连接处的套丝长度，不宜小于管外径的1.5倍；用于管与管相连接时的套丝长度，不得小于管接头长度的1/2加2～4扣，须倒丝连接时，连接管的一端套丝长度不应小于管接头长度加2～4扣。

电线管的套丝，操作比较简单，只要把铰板放平，平稳地向里推进，即可以套出所需的丝扣来。

套完丝扣后，应随即清理管口，将管子端面毛刺处理光，使管口保持光滑，以免割破导线绝缘。

4.管子弯曲

（1）钢管弯曲

钢管的弯曲有冷煨和热煨两种。冷煨一般采用手动弯管器或电动弯管器。手动弯管器一般适用于直径50 mm以下钢管，且为小批量。若弯制直径较大的管子或批量较大时，可使用滑轮弯管器或电动（或液压）弯管机。用火加热弯管，只限于管径较大的黑铁管。

用弯管器弯管时，应根据管子直径选用，不得以大代小，更不能以小代大。把弯管器套在管子需要弯曲部位（起弯点），用脚踩住管子，扳动弯管器手柄，稍加一定的力，使管子略有弯曲，然后逐点向后移动弯管器，重复前次动作，直至弯曲部分的后端，使管子弯成所需要的弯曲半径和弯曲角度。

用滑轮弯管器弯管时，先将弯管器固定在工作台上。然后把需要弯曲的管子（弯曲部分）放在两滑轮中间，用力缓慢扳动滑轮，即可煨出所需要的角度。

电动弯管机适用于大批量较大管子的煨弯。先按线管弯曲半径的要求选择模具，再将已画好线的管子放入弯管机胎模具内，使管子的起弯点对准弯管机的起弯点，然后拧紧夹具，开始弯管，当弯曲角度大于所需角度 1 ~ 2° 时停止，将弯管机退回起弯点，用样板测量弯曲半径和弯曲角度。使用弯管机时应注意所弯的管子外径一定要与弯管模具配合贴紧，否则管子会产生凹瘪现象。

用火加热煨弯时应先把管内装满炒干的沙子，两端用木塞塞紧后，放在烘炉或焦炭火上加热，再放到模具上弯曲。也可以用气焊加热煨弯，先预热弯曲部分，然后从起弯点开始，边加热边弯曲，直到所需角度。

热煨法应注意决定管子的加热长度，可利用公式计算为：

$$L = \frac{\pi \cdot \alpha \cdot R}{180} \approx 0.0175 \alpha \cdot R$$

式中：L——加热长度，mm；

　　　α——弯曲角度，（°）；

　　　R——弯曲半径，mm。

（2）塑料管弯曲

硬质塑料管的弯曲有冷煨和热煨两种。冷煨法只适用于硬质PVC塑料管。弯管时，将相应直径的弯管弹簧插入管内需要弯曲处，两手握住管弯曲处弹簧的部位，用手逐渐弯出所需要的弯曲半径来。采用热煨时，加热的方法可用喷灯、木炭，也可以用电炉子、碘钨灯等，但均应注意不能将管烤伤、变色。

（四）线管连接

1.钢管连接

钢管与钢管的连接有螺纹连接（管箍连接）和套管连接两种方法。采用螺纹连接时，管端螺纹长度不应小于管接头长度的1/2；连接后，其螺纹宜外露2 ~ 3扣。螺纹表面应光滑、无缺损。采用套管连接时，套管长度宜为管外径的1.5 ~ 3倍，管与管的对口处应位于套管的中心。套管采用焊接连接时，焊缝应牢固严密（只适用焊接钢管）；采用紧定螺钉连接时，螺钉应拧紧；在振动的场所，紧定螺钉应有防松措施。镀锌钢管和薄壁钢管应采用螺纹连接或套管紧定螺钉连接，不应采用熔焊连接。

钢管与钢管之间采用螺纹连接时，为了使管路系统接地良好和可靠，应在管箍两端焊接用圆钢或扁钢制作的跨接接地线，或采用专用接地线卡跨接。

2.钢管与盒（箱）或设备的连接

暗配的黑铁管与盒（箱）连接可采用焊接连接，管口宜高出盒（箱）内壁3～5 mm，且焊后应补刷防腐漆；明配钢管或暗配的镀锌钢管与盒（箱）连接应采用锁紧螺母或护圈帽固定。用锁紧螺母固定的管端螺纹宜外露锁紧螺母2～3扣。

钢管与设备直接连接时，应将钢管敷设到设备的接线盒内。当钢管与设备间接连接时，对室内干燥场所，钢管端部宜增设电线保护软管或可挠金属电线保护管后引入设备的接线盒内，且钢管管口应包扎紧密（软管长度不宜大于2 m）；对室外或室内潮湿场所，钢管端部应增设防水弯头，导线应加套保护软管，经弯成滴水弧状后再引入设备的接线盒。与设备连接的钢管管口与地面的距离宜大于200 mm。

3.硬质塑料管的连接

硬质塑料管之间及与盒（箱）等器件的连接应采用插入法连接；连接处接合面应涂专用胶合剂，接口应牢固密封，并应符合下列要求：

①管与管之间采用套管连接时，套管长度宜为管外径的1.5～3倍；管与管的对口处应位于套管的中心。

②管与器件连接时，插入深度宜为管外径的1.1～1.8倍。

硬质PVC管的连接，目前多使用成品管接头，连接管两端涂以专用胶合剂，直接插入管接头。

硬质塑料管与盒（箱）的连接，可以采用成品管盒连接件。连接时，管端涂以专用胶合剂插入连接件即可。

管与盒（箱）直接连接时要掌握好入盒长度，不应在预埋时使管口脱出盒子，也不应使管插入盒内过长，一般在盒（箱）内露出长度应小于5 mm。

（五）线管敷设

线管敷设，俗称配管。配管工作一般从配电箱开始，逐段配至用电设备处，有时也可从用电设备端开始，逐段配至配电箱处。

1.暗配管

在现浇混凝土板内配管应在底层钢筋绑扎完成，上层钢筋未绑扎前敷设，可用铁线将管子绑扎在钢筋上，也可以用钉子钉在模板上，但应将管子用垫块垫起，用铁线绑牢。经认真检查确认，才能绑扎上层钢筋和浇捣混凝土。当线管配在砖墙内时一般是随同土建砌砖时预埋；否则，应先在砖墙上留槽或剔槽。线管在砖墙内的固定方法，可先在砖缝里打入木楔，再在木楔上钉钉子，用铁线将管子绑扎在钉子上，再将钉子打入，使管子充分嵌入槽内。应保证管子离墙表面净距不小于15 mm。在地坪内配管，必须在土建浇制混凝土前埋设，固定方法可用木桩或圆钢等打入地中，再用铁丝将管子绑牢。为使管子全部埋设在地坪混凝土层内，应将管子垫高，离土层15 ~ 20 mm，这样，可减少地下湿土对管子的腐蚀。埋于地下的电线管路不宜穿过设备基础，在穿过建筑物基础时，应加保护管保护。当有许多管子并排敷设在一起时，必须使其各个离开大于25 mm的距离，以保证其间也灌上混凝土。为避免管口堵塞影响穿线，管子配好后要将管口用木塞或塑料塞堵好。管子连接处及钢管与接线盒连接处，要按规定做好接地处理。

当电线管路遇到建筑物伸缩缝、沉降缝时，必须相应做伸缩、沉降处理。一般是装设补偿盒。在补偿盒的侧面开一个长孔，将管端穿入长孔中，无须固定，而另一端则要用六角螺母与接线盒拧紧固定。

塑料管直埋于现浇混凝土内，在浇捣混凝土时，应采取防止塑料管发生机械损伤的措施，在露出地面易受机械损伤的一段，也应采取保护措施。当塑料管在砖砌墙体上剔槽敷设时，应采用强度等级不小于M10的水泥砂浆抹面保护，保护层厚度不应小于15 mm。

2.明配管

明配管一般在生产厂房中出现较多，管路沿建筑物表面水平或垂直敷设。明配管应排列整齐、固定点间距均匀。当管子沿墙、柱或屋架等处敷设时，可用管卡固定。管卡的固定方法，可用膨胀螺栓直接固定在墙上，也可以固定在支架上。当管子沿建筑物的金属构件敷设时，若金属构件允许点焊，可把厚壁管用电焊直接点焊在钢构件上。管卡与终端、转弯中点、电气器具或盒（箱）边缘的距离宜为150 ~ 500 mm。管子贴墙敷设进入盒（箱）内时，要适当将管子煨成双弯（鸭脖弯），不能使管子斜插到盒（箱）内。同时要使管子平整地紧贴于建筑物表面，在距接线盒150 ~ 500 mm处，用管卡将管子固定。

明配钢管经过建筑物伸缩缝时，可采用软管进行补偿。将软管套在钢管端部，并使金属软管略有弧度，以便基础下沉时，借助软管的弹性而伸缩。

硬塑料管沿建筑物、构筑物表面敷设时，应按设计规定装设温度补偿装置，以适应其膨胀要求。在支架上架空敷设的硬塑料管，因可以改变其挠度来适应长度的变化，因此可不装设补偿装置。管卡与终端、转弯中点、电气器具或盒（箱）边缘的距离为150～500 mm。

明配硬塑料管在穿过楼板等易受机械损伤的地方时，应用钢管保护，其保护高度距楼板面的距离不应小于500 mm。

三、电气竖井内配线安装

（一）电气竖井的构造

所谓电气竖井，就是在建筑物中从底层到顶层留出一定截面的井道。竖井在每个楼层上设有配电小间，装有该层用总配电箱，它是竖井的一部分，这种敷设配电主干线上升的电气竖井，每层都有楼板隔开，只留出一定的预留孔洞。考虑防火要求，电气竖井安装工程完成后，应将预留孔洞多余的部分用防火材料封堵。为了维修方便，竖井在每层均设有向外开的维护检修防火门。因此，电气竖井实质上是由每层配电小间及上下配线连接构成的。

竖井的大小除满足配线间隔及端子箱、配电箱布置所必需的尺寸外，并宜在箱体前留出不小于0.8m的操作、维护距离。目前在一些工程中，受土建布局的限制，大部分竖井的尺寸较小，给使用和维护带来很多不便，值得引起注意。

为防止发生火灾后，火向电气线路蔓延，竖井内封闭式母线、电缆桥架、金属线槽、金属管或电缆等在穿过电气竖井楼板或墙壁时（有的应预留好孔洞），应以防火隔板、防火堵料等材料做好密封隔离。

（二）电气竖井内配线

1.金属管配线

在高（多）层民用建筑中，采用金属管配线时，配管由配电室引出后，一般可采用水平吊装的方式进入电气竖井，然后沿支架在竖井内垂直敷设。

电气竖井内金属管垂直配线，应特别考虑保护管的自重、导线的自重，且考虑相应的固定方法。应按规范规定，适当装设中间拉线盒，将导线固定。钢管穿过楼板处，应配合土建施工，把钢管直接预埋在楼层间，不必留置洞口，也无须再进行防火堵塞。

2.竖井内电缆配线

高（多）层建筑内中、低压电缆由低压配电室引出后，一般沿电缆沟或电缆桥架进入电缆竖井，然后沿支架或桥架垂直向上敷设。竖井内电缆较多采用聚氯乙烯护套细钢丝铠装的电力电缆，且其绝缘或护套应具有非延燃性。

（1）电缆用支架安装

电缆在竖井内用支架垂直配线。所采用的支架，可按金属线槽用扁钢支架的样式在现场加工制作，支架的长度应根据电缆直径和根数的多少而定。

扁钢支架与建筑物的固定应采用 M10×80 的膨胀螺栓紧固。支架每隔 1.5 m 设置一个，底部支架距楼（地）面的距离不应小于 300 mm。电缆在支架上的固定采用与电缆外径相配合的管卡子固定，电缆之间的间距不应小于 50 mm。电缆在穿过竖井楼板或墙壁时，应穿在保护管内保护，并应以防火隔板、防火堵料等做好密封隔离，电缆保护管两端管口空隙处应做密封隔离。电缆在穿过楼板处也可以配合土建施工在楼板内预埋保护管，电缆布线后，只在保护管两端电缆周围管口空隙处做密封隔离。

小截面电缆在电气竖井内配线，还可以直接在墙上固定敷设，此时可使用管卡子或单边管卡子用 $\phi6×30$ 塑料胀管固定。

（2）电缆用桥架敷设

电缆桥架特别适合于全塑电缆的敷设。桥架不仅可以用于敷设电力电缆和控制电缆，同时也可用于敷设自动控制系统的控制电缆。

电缆桥架的形式是多种多样的，如梯架、有孔托盘、无孔托盘和组合式桥架等。

电缆桥架的固定方法也很多，较常见的是用膨胀螺栓固定，这种方法施工简单、方便、省工、准确，省去了在土建施工时的预埋工作。

电缆用梯形桥架在竖井内垂直安装，有两种不同的做法：一种是梯架在竖井墙体上用 L50×50×5 角钢制成的三角形支架和同规格的角钢固定，在竖井楼板上用两根 C10 槽钢和 L50×50×5 角钢支架固定；另一种做法是在竖井内墙体上，用同样的三角形支架及 U 形槽钢使用压板固定梯架，在竖井楼板上两根 L50×50×5 角钢支架固定。在两种做法中，固定梯架的方式各不相同，在施工中可根据设计要求或敷设电缆数量选用。

敷设在垂直梯架上的电缆采用塑料电缆卡子固定。

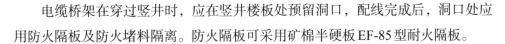

电缆桥架在穿过竖井时，应在竖井楼板处预留洞口，配线完成后，洞口处应用防火隔板及防火堵料隔离。防火隔板可采用矿棉半硬板EF-85型耐火隔板。

（3）电缆分支连接

电缆配线垂直干线与分支线的连接，常采用"T"接方法。为了接线方便，树干式配电系统电缆应尽量采用单芯电缆，单芯电缆"T"接是采用专门的"T"接头，由两个近似半圆的铸铜U形卡构成，两个U形卡卡住电缆芯线，两端用螺栓固定。其中一个U形卡上带有固定引出导线接线端子的螺孔及螺钉。

为了减少单芯电缆在支架上的感应涡流，固定单芯电缆应使用单边管卡子。

采用四芯或五芯电缆的树干式配电系统电缆，在连接支线时，进行"T"接是电缆敷设中常遇到的一个比较难处理的问题。如果在每层断开电缆，在楼层开关上采用共头连接的方法，会因开关接线桩头小而无法施工。如改为电缆端头用铜接线端子（线鼻子）三线共头，则因铜接线端子截面有限，使导线载流量降低。这种情况下可以在每层中加装接线箱，从接线箱内分出支线到各层配电盘，但需要增加一定的设备投资。

采用预制分支电缆作为竖向供电干线，给在施工现场进行电缆T接带来了方便。预制分支电缆装置由上端支承、垂直主干电缆、模压分支接线、分支电缆、安装时配备的固定夹等组成。

预制分支电缆装置分单相双线、单相三线、三相三线及三相四线。

预制分支电缆装置的垂直主电缆和分支电缆之间采用模压分支连接，电缆的分支连接件采用PVC合成材料注塑而成。电缆的PVC外套和注塑的PVC连接件接合在一起形成气密并防水。

预制分支电缆装置的分支连接及主电缆顶端处置和悬吊部件都在工厂中进行，使电缆分支接头的施工质量得到保证，可以解决目前工地上难以保证的大规格电缆分支接头的质量问题。

目前，利用电缆绝缘穿刺线夹做电缆的分支连接越来越多。电缆绝缘穿刺线夹的结构，主要由壳体、穿刺刀片、防水胶圈及螺栓组成。这种接头安装简便（无须截断主电缆，无须剥去绝缘层，无须使用专用工具，可带电安装），安全可靠（全绝缘封闭，高防护等级IP67，耐腐蚀，耐老化），具有高性价比（电气性能优，免维护，综合成本低于传统连接方式）。

在做电缆分支时，先剥去电缆外层护套（无须剥去绝缘层），然后将分支电缆插入线夹支线帽并将其确定固定于主线分支位置，用套筒扳手拧线夹力矩螺母。在拧力矩螺母收紧的过程中，线夹上下两块暗藏有高导电金属穿刺刀片的绝缘体逐渐合拢，弧形密封护垫逐步紧贴电缆绝缘层，与此同时，穿刺刀片开始穿刺电缆绝缘层及金属导体，当护垫的密封程度和穿刺刀片与金属导体的接触达到最佳效果时，力矩螺母便会脱落。此时，主线和分支接通，且防水性能和电气效果最佳。

四、绝缘导线的连接

（一）导线绝缘层剥切方法

绝缘导线连接前，必须把导线端头的绝缘层剥掉，绝缘层的剥切长度，随接头方式和导线截面的不同而不同。绝缘层的剥切方法要正确，通常分单层剥法、分段剥法和斜削法三种。一般塑料绝缘线多用单层剥法，橡皮绝缘线多用分段剥法，斜削法基本不用。

（二）铜导线连接

1.单股铜线的连接法

较小截面单股铜线（如 6 mm² 以下），一般多采用绞接法连接。截面超过 6 mm² 的，则常采用绑接法连接。

（1）绞接法

绞接时先将导线互绞3圈，然后，将导线两端分别在另一线上紧密地缠绕5圈，余线割弃，使端部都紧贴导线。绞接时，先用手将支线在干线上粗绞 1 ~ 2 圈，再用钳子紧密缠绕5圈，余线割弃。

（2）绑接法

先将两线头用钳子弯起一些，然后并在一起（有时中间还可加一根相同截面的辅助线），然后用一根截面1.5 mm²的裸铜线做绑线，从中间开始缠绑，缠绑长度为导线直径的10倍，两头再分别在一线芯上缠绑5圈，余下线头与辅助线绞合，剪去多余部分。较细导线可不用辅助线。分支连接，连接时，先将分支线做直角弯曲，其端部也稍做弯曲，然后将两线并合，用单股裸铜线紧密缠绕，方法及要求与直线连接相同。

2.多股铜线的连接法

（1）多股铜线的直线绞接连接

先将导线线芯顺次解开，呈30°伞状，用钳子逐根拉直，并剪去中心一股，再将各张开的线端相互交叉插入，根据线径大小，选择合适的缠绕长度，把张开的各线端合拢。取任意两股同时缠绕5～6圈后，另换两股把原来两股压住或割弃，再缠5～6圈后，又取2股缠绕，如此下去，一直缠至导线解开点，剪去余下线芯，并用钳子敲平线头。

（2）多股铜线的分支绞接连接

分支连接时，先将分支导线端头松开，拉直擦净分为两股，各曲折90°，贴在干线下。先取一股，用钳子缠绕5圈，余线压在里档或割弃，再调换一股，以此类推，直缠至距绝缘层15 mm时为止。另一侧依法缠绕，不过方向应相反。

3.单股铜线在接线盒内的并接

三根以上单股导线的线盒内并接在现场的应用是较多的（如多联开关的电源相线的分支连接）。在进行连接时，应将连接线端相并合，在距导线绝缘层15 mm处用其中一根芯线，在其连接线端缠绕5圈后剪断缠绕线。把被缠绕线余线头折回压在缠绕线上。应注意计算好导线端头的预留长度和剥切绝缘的长度。

两根导线的并接，一般在线盒内不应出现，应直接通过，不断线；否则，连接起来不但费工，也浪费材料。

不同直径的导线并接，如果导线为软线时，则应先进行挂锡处理。

铜导线的连接不论采用上面哪种方法，导线连接好后，均应用焊锡焊牢，使熔解的焊剂，流入接头处的各个部位，以增加机械强度和良好的导电性能，避免锈蚀和松动。焊接方法比较多，应根据导线截面选择。一般10 mm^{2}以下铜导线接头，可以用电烙铁加热进行锡焊。对于16 mm^{2}以上的铜导线接头上锡可用喷灯加热后再上锡，或采用浇焊法。即把焊锡放在锡锅内加热熔化，当焊锡在锅内达到高温后，锡表面呈磷黄色，把导线接头调直，放在锡锅上面，用勺盛上熔锡浇到线头上。

单股铜线的并接还可采用塑料压线帽压接。单股铜导线塑料压线帽是将导线连接管（镀银紫铜管）和绝缘包缠复合为一体的接线器件，外壳用尼龙注塑成形。

（三）导线与设备端子的连接

截面在 10 mm² 以下的单股铜（铝）导线可直接与设备接线端子连接。

线头弯曲的方向一般均为顺时针方向，圆圈的大小应适当，而且根部的长短也要适当。2.5 mm² 以下的多股铜芯导线与设备接线端子连接时，为防止线端松散，可在导线端部搪上一层焊锡，使其像整股导线一样，然后再弯成圆圈，连接到接线端子上。也可压接端子后再与设备端子连接。

多股铝导线和截面 2.5 mm² 上的多股铜芯导线，在线端与设备连接时，应装设接线端子（俗称线鼻子），然后再与设备相接。

铜导线接线端子的装接，可采用锡焊或压接两种方法。锡焊时，应先将导线表面和接线端子孔内用砂布擦干净，涂上一层无酸焊锡膏，在线芯端头搪上一层焊锡，然后，把接线端子放在喷灯火焰上加热，并把焊锡熔化在端子孔内，再将搪好锡的线芯慢慢插入，待焊锡完全渗透到线芯缝隙中后，即可停止加热。采用压接方法时，是将线芯插入端子孔内，用压接钳进行压接。这种方法操作简单，而且可节省有色金属和燃料，质量也比较好。

铝导线接线端子的装接一般用气焊或压接方法。对于铝板自制的铝接线端子多采用气焊。对于用铝套管制作的接线端子则多用压接法。压接前先剥掉导线端部的绝缘层，其长度为接线端子孔的深度加上 5 mm。除掉线芯表面和端子孔内壁的氧化膜，涂上凡士林油膏，再将线芯插入端子内进行压接。压接时，先压靠近端子口处的第一个压坑，然后再压第二个压坑，压接深度以上下模接触为佳。

当铝导线与设备的铜端子或铜母线连接时，为防止铝铜产生电化腐蚀应采用铜铝过渡接线端子（铜铝过渡线鼻子）。这种端子的一端是铝接线管，另一端是铜接线板，压接时与上述方法一样。

（四）恢复导线绝缘

所有导线线芯连接好后，均应用绝缘带包缠均匀紧密，以恢复绝缘。其绝缘强度不应低于导线原绝缘层的绝缘强度。经常使用的绝缘带有黑胶带、自黏性橡胶带、塑料带等。应根据接头处的环境和对绝缘的要求，结合各绝缘带的性能选用。包缠时采用斜叠法，使每圈压叠带宽的半幅。第一层绕完后，再用另一斜叠方向缠绕第二层，使绝缘层的缠绕厚度达到电压等级绝缘要求为止。包缠时，要用力拉紧，使之包缠紧密坚实，以免潮气侵入。

第二节　室外配电线路安装

一、架空配电线路的结构

架空配电线路主要是由基础、电杆、横担、导线、拉线、绝缘子及金具等组成的。

（一）电杆基础

所谓电杆基础，是对电杆地下部分的总体称呼。它由底盘、卡盘和拉线盘组成。其作用主要是防止电杆因承受垂直荷重、水平荷重及事故荷重等所产生的上拔、下压甚至倾倒。是否装设三盘，应依据设计和现场具体情况决定。它一般为钢筋混凝土预制件，也可用天然石材代替。

（二）电杆及杆型

1.直线杆（代号Z）

直线杆也称中间杆（两个耐张杆之间的电杆），位于线路的直线段上，仅做支持导线、绝缘子及金具用。在正常情况下，电杆只承受导线的垂直荷重和风吹导线的水平荷重（有时尚须考虑覆冰荷重），而不承受顺线路方向的导线的拉力。在架空配电线路中，大多数为直线杆，一般占全部电杆数的80%左右。

2.耐张杆（代号N）

当架空配电线路发生断线事故时，会导致倒杆事故的发生。为了减少倒杆数量，应每隔一定距离装设一机械强度比较大，能够承受导线不平衡拉力的电杆，这种电杆俗称耐张杆。设置耐张杆不仅能起到将线路分段和控制事故范围的作用，同时给在施工中分段进行架线带来很多方便。

在线路正常运行时，耐张杆所承受的荷重与直线杆相同，但在断线事故情况下则要承受一侧导线的拉力。因此，耐张杆的杆顶结构要比直线杆杆顶结构复杂得多。

3.转角杆（代号J）

设在线路转角处的电杆通常称为转角杆。转角杆杆顶结构形式要视转角大小、挡距长短、导线截面等具体情况决定，可以是直线型的，也可以是耐张型的。

转角杆在正常运行情况下所承受的荷重，除与耐张杆所承受的荷重相同之外，还承受两侧导线拉力的合力。

4.终端杆（代号D）

设在线路的起点和终点的电杆统称为终端杆。其杆顶结构和耐张杆相似，只是拉线有所不同。

5.分支杆（代号F）

分支杆位于分支线路与干线相连接处，对主干线而言，该杆多为直线型和耐张型；对分支线路而言，该杆相当于终端杆。

6.跨越杆（代号K）

当配电线路与公路、铁路、河流、架空管道、电力线路、通信线路等交叉时，必须满足规范规定的交叉跨越要求。

（三）导线

由于架空配电线路经常受到风、雨、雪、冰等各种载荷及气候的影响，还会受到空气中各种化学杂质的侵蚀，因此，要求导线应有一定的机械强度和耐腐蚀性能。架空配电线路常用裸绞线的种类有裸铜绞线（TJ）、裸铝绞线（LU）、钢芯铝绞线（LGJ）及铝合金线（HLJ）。低压架空配电线路也有采用绝缘导线。

导线在电杆上的排列为：高压线路均为三角排列，线间水平距离为1.4 m；低压线路均为水平排列，导线间水平距离为0.4 m；考虑登杆的需要，靠近电杆两侧的导线距电杆中心距离增大到0.3 m。

（四）绝缘子

绝缘子（俗称瓷瓶）是用来固定导线并使导线与导线、导线与横担、导线与电杆间保持绝缘的，同时也承受导线的垂直荷重和水平荷重。

1.架空配电线路常用绝缘子

架空配电线路常用绝缘子有针式绝缘子、蝶式绝缘子、悬式绝缘子及拉紧绝缘子。

针式绝缘子的全称为针式瓷绝缘子，可分为高压和低压两种。它主要用于直线杆和直线型转角杆上。

蝶式绝缘子全称为蝴蝶形瓷绝缘子，可分高压和低压两种。其型号有高压E-1、E-2型；低压ED-1、ED-2、ED-3、ED-4型。蝶式绝缘子主要用于10 kV以下线路终端杆、耐张杆和耐张型转角杆。在高压配电线路中，一般应与悬式绝缘子配合使用，作为线路金具中的一个元件。

悬式绝缘子全称为盘形悬式瓷绝缘子，可分为普通型和防污型两种。一般是用几个绝缘子组成绝缘子串，用于高压配电线路的耐张杆、转角杆和终端杆上。

2.绝缘子选择

绝缘子是线路的重要组成部分，对线路的绝缘强度和机械强度有着直接影响，合理选择线路的绝缘子，对保证架空线路的安全可靠运行起着重要作用。绝缘子选择应依据其绝缘强度、导线规格、挡距大小及杆型等，参见表6-1。

表6-1　架空配电线路绝缘子选择表

杆型		电压等级		
		高压		低压
直线杆		1. 应考虑采用瓷横担绝缘子 2. 采用针式绝缘子时的选型如下：		一般采用 PD 型低压针式绝缘子或 ED 型蝶式绝缘子
		电压	铁横担	木横担	
		6kV	P-10T	P-6M	
		10kV	P-15T	P-10M	
转角杆	15° 以下	高压针式绝缘子或瓷横担绝缘子		低压针式绝缘子
	15 ～ 30°	高压双针式绝缘子或双瓷横担绝缘子		低压双针式绝缘子
	30° 以上	1. 应采用两个耐张型绝缘子结合起来，绝缘子型号应根据计算确定，一般采用 XP-7 型悬式绝缘子和 E-1（2）型蝶式绝缘子相组合		应采用 ED 型蝶式绝缘子
耐张杆与终端杆		2. 亦可采用悬式绝缘子加耐张线夹，对导线截面大 70 mm^2 的线路只能采用此种方式 3. 采用铁横担时，须用两片悬式绝缘子		

（五）拉线

拉线是用来平衡电杆各方向的拉力，防止电杆弯曲或倾倒的，因此，在承力杆上，均须装设拉线。为了防止电杆被强大的风力刮倒或冰凌荷载的破坏影响，或在土质松软地区，增强线路电杆的稳定性，有时也在直线杆上，每隔一定距离装设抗风拉线（两侧拉线）或四方拉线。线路中使用最多的是普通拉线。还有由普通拉线组成的人字拉线、十字拉线，另外，还有水平拉线（过道拉线）、V形拉线和自身拉线等。

（六）金具

在架空配电线路中，用来固定横担、绝缘子、拉线及导线的各种金属连接件统称为线路金具。其品种较多，一般根据用途的分类如下：

1.联结金具

联结金具用于连接导线与绝缘子或绝缘子与杆塔横担的金具。它有耐张线夹、碗头挂板、球头挂环、直角挂板、U形挂环等。

2.接续金具

接续金具用于接续断头导线的金具。例如接续导线的各种铝压接管及在耐张杆上连通导线的并沟线夹等。

3.拉线金具

拉线金具用于拉线的连接和承受拉力之用的金具。例如楔形线夹、UT线夹、花篮螺栓等。

二、架空配电线路安装

（一）架空配电线路安装施工程序

架空配电线路施工的主要内容包括线路测量定位、基础施工、杆顶组装、电杆组立、拉线组装、导线架设及弛度观测、杆上设备安装和接户线安装等。

在施工过程中，应按以下程序进行：

1.线路方向和杆位及拉线坑位测量埋桩后，经检查确认，才能挖掘杆坑和拉线坑。

2.杆坑、拉线坑的深度和坑形，经检查确认，才能立杆和埋设拉线盘，并进行架线和杆上设备安装。

3.杆上高压电气设备交接试验合格，才能通电。

4.架空线路做绝缘检查，且经单相冲击试验合格，才能通电。

5.架空线路的相位经检查确认，才能与接户线连接。

（二）线路测量及电杆定位

线路测量及杆塔定位通常根据设计部门提供的线路平、断面图和杆塔明细表，从始端桩位开始安置经纬仪，向前方逐基定位。对于10 kV以下的配电线路，因耐张段及挡距均较短，杆型结构也比较简单，可不使用经纬仪，仅用数支标杆即可目测定位。

杆坑中心位置确定后，即可根据中心桩位，依据图纸规定的尺寸，量出挖坑范围，用白灰在地面上画出白粉线，坑口尺寸应根据基础埋深及土质情况来决定。

（三）挖坑

挖坑工作是劳动强度较大的体力劳动。使用的工具一般是锹、镐、长勺等，用人力挖坑取土。多年来，各地在挖坑方面曾做过一些改革，有在工具上进行改革的，如夹铲、螺旋钻；也有在挖坑方式上进行改革的，如爆破等。但它们都有一定的适用范围，目前人力挖坑仍是比较普遍采用的施工方式。

杆坑形式可分为圆形坑和长方形坑两种。当采用抱杆立杆时，还要留有滑坡（马道）。

不论圆形坑、方形坑或拉线坑，坑底均应基本保持平整，便于进行检查测量坑深。坑深检查一般以坑边四周平均高度为基准，可用直尺直接量得坑深数字。当然用水准仪测量更为准确。坑深允许偏差为-50 ~ +100mm。

电杆的埋设深度在设计未做规定时，可按表6-2所列数值选择，或按电杆长度的1/10再加0.7 m计算。当遇有土质松软、流沙、地下水位较高等情况时，应做特殊处理。

表6-2 电杆埋深表

杆长 /m	8.0	9.0	10.0	11.0	12.0	13.0	15.0
埋深 /m	1.5	1.6	1.7	1.8	1.9	2.0	2.3

（四）电杆组立与绝缘子安装

1.电杆组装

（1）钢筋混凝土电杆的连接

等径分段钢筋混凝土电杆和分段的环形截面锥形电杆，均必须在施工现场进行连接。钢圈连接的钢筋混凝土电杆宜采用电弧焊接。当采用气焊时，则应满足下列规定：

①钢圈的宽度不应小于140 mm。

②加热时间宜短，并采取必要的降温措施。焊接后，当钢圈与水泥黏接处附近水泥产生宽度大于0.05 mm纵向裂缝时，应予补修。

③电石产生的乙炔气体，应经过滤。

采用电弧焊接时应由经过焊接专业培训并经考试合格的焊工操作，焊接时应符合下列规定：

①焊接前，钢圈焊口上的油脂、铁锈、泥垢等物应清除干净。

②钢圈应对齐找正，中间留2～5 mm的焊口缝隙。当钢圈有偏心时，其错口不应大于2 mm。

③焊口调整符合要求后，宜先点焊3～4处，然后对称交叉施焊。点焊所用焊条牌号应与正式焊接用的焊条牌号相同。

④当钢圈厚度大于6 mm时，应采用V形坡口多层焊接，焊接中应特别注意焊缝接头和收口的质量。多层焊缝的接头应错开，收口时应将熔池填满。焊缝中严禁堵塞焊条或其他金属。

⑤焊缝表面应呈平滑的细鳞形与基本金属平缓连接，无折皱、间断、漏焊及未焊满的陷槽，并不应有裂纹。基本金属咬边深度不应大于0.5 mm，且不应超过圆周长的10%。

⑥在雨、雪、大风天气时，应采取妥善措施后，才可施焊。施焊中电杆内不应有穿堂风。当气温低于-20℃时，应采取预热措施，预热温度为100～120℃，焊后应使温度缓慢下降。严禁用水降温。

⑦焊完后的整杆弯曲度不得超过电杆全长的2/1000，超过时应割断重新焊接。

⑧接头应按设计要求进行防腐处理。可将钢圈表面铁锈和焊缝的焊渣与氧化层除净，先涂刷一层红樟丹，干燥后再涂刷一层防锈漆。

（2）横担安装

高压架空配电线路导线呈三角形排列，最上层横担（单回路）距杆顶距离宜为800 mm，耐张杆及终端杆宜为1000 mm。低压架空线路导线采用水平排列，最上层横担距杆顶的距离不宜小于200 mm；当高低压共杆或多回路多层横担时，各层横担间的垂直距离可参照表6-3选取。

表6-3　多回路各层横担间最小垂直距离/mm

类别	直线杆	分支或转角杆
高压与高压	800	450/600
高压与低压	1200	1000
低压与低压	600	300

各横担须平行架设在一个垂直面上，与配电线路垂直。高低压合杆架设时，高压横担应在低压横担的上方。直线杆单横担一般装在受电侧，分支杆、90°转角杆及终端杆一般应采用双横担，但当采用单横担时，应装于拉线侧。横担的上下歪斜和左右扭斜，从横担端部测量不应大于20 mm。

瓷横担安装应符合下列规定：垂直安装时，顶端顺线路歪斜不应大于10 mm；水平安装时，顶端宜向上翘起5 ~ 15°，顶端顺线路歪斜不应大于20 mm。

（3）杆顶支座安装

将杆顶支座的上、下抱箍抱住电杆，分别将螺栓穿入螺栓孔，用螺母拧紧固定。如果电杆上留有装杆顶支座的孔眼，则不用抱箍，可将螺栓直接穿入支座和电杆上的孔眼，用螺母拧紧固定即可。

（4）绝缘子安装

杆顶支座及横担调整紧固好后，即可安装绝缘子。安装前，应把绝缘子表面的灰垢、附着物及不应有的涂料擦拭干净，经过检查试验合格后，再进行安装。要求安装牢固、连接可靠、防止积水。

悬式绝缘子的安装，应符合下列规定：

①与电杆、导线金具连接处，无卡压现象。

②耐张串上的弹簧销子、螺栓及穿钉应由上向下穿。当有特殊困难时可由内向外或由左向右穿入。

③绝缘子裙边与带电部位的间隙不应小于50 mm。

2.立杆

在架空配电线路施工中，常用的立杆方法如下：

（1）撑杆（架杆）立杆

对10 m以下的钢筋混凝土电杆可用3副架杆，轮换着将电杆顶起，使杆根滑入坑内。此立杆方法劳动强度较大。

（2）用汽车吊立杆

此种方法可减轻劳动强度、加快施工进度，但只能在有条件停放吊车的地方使用。

（3）用抱杆立杆

分固定式抱杆（独立抱杆或人字抱杆）和倒落式抱杆（人字抱杆）。这是立杆最常用的方法。

倒落式抱杆立杆采用人字抱杆，可以起吊各种高度的单杆或双杆，是立杆最常用的方法。

倒落式抱杆长度一般取杆长的1/2。电杆放置时，应将杆根放在离杆坑中心约0.5 m处；一般直线杆杆身沿线路中心放置；转角杆的杆身应与内侧角的二等分线垂直放置。吊点的分布，15 m以下的电杆可以参照表6-4。

表6-4　锥形电杆吊点参考位置

电杆规格	杆重 /kg	一点起吊位置距杆顶尺寸 /m	二点起吊位置距杆顶尺寸 /m	
			上吊点	下吊点
$\phi 190 \times 9m$	734	3.8	2.3	6.8
$\phi 190 \times 10m$	843	3.8	2.6	7.6
$\phi 190 \times 12m$	1077	3.8	3.2	9.2
$\phi 190 \times 15m$	1470	4.0	3.8	10.0
$\phi 150 \times 8m$	422	3.4	2.0	6.0
$\phi 150 \times 9m$	495	3.4	2.3	6.8
$\phi 150 \times 10m$	573	3.4	2.6	7.6

电杆立起后，要进行杆身调整。

调整好的电杆应满足如下要求：直线杆的横向位移不应大于50 mm；电杆的倾斜不应使杆梢的位移大于半个梢径。转角杆的横向位移不应大于50 mm；转角杆应向外角预偏，紧线后不应向内角倾斜，向外角的倾斜也不应使杆梢位移大于一个梢径。终端杆应向拉线侧预偏，其预偏值不应大于杆梢直径，紧线后不应向受力侧倾斜。调整符合要求之后，即可进行填土夯实工作。

回填土时应将土块打碎，每回填500 mm夯实一次。对松软土质的基坑，应增加夯实次数或采取加固措施。夯实时，应在电杆的两对侧同时进行或交替进行，以防电杆移位或倾斜。当回填土至卡盘安装位置时，即安装卡盘；然后再继续回填土并夯实，夯实后的基坑应设置防沉土层。土层上部面积不宜小于坑口面积，培土高度宜高出地面300 mm，在电杆周围形成一个圆形土台。

（五）导线架设

导线架设通常包括放线、导线连接、紧线、弛度观测及导线在绝缘子上的固定等内容。

1.放线

（1）做好放线前的准备工作

①查勘沿线情况，包括所有的交叉跨越情况，应先期制定各个交叉跨越处放线的具体措施，并分别与有关部门取得联系；清除放线通路上可能损伤导线的障碍物，或采取可靠的防护措施，避免擦伤导线；在通过能腐蚀导线的土壤和积水地区时，也应有保护措施。

②全面检查电杆是否已经校正、有无倾斜或缺件，否则应纠正补齐。

③对于跨越铁路、公路、通信线路及不能停电的电力线路，应在放线前搭设跨越架，其材料可用直径不小于70 mm的毛竹或圆木，埋深一般为0.5 m，用麻绳或铁线绑扎。

④将线盘平稳地放在放线架上，要注意出线端应从线盘上面引出，对准前方拖线方向。对于放线人员的组织，应做好全面安排，指定专人负责，明确交代任务。

⑤确定通信联系信号并通知所有参加施工人员。

（2）有组织地进行放线

目前导线的展放仍大多采用人力拖放，此法不用牵引设备及大量牵引钢绳，方法简便。拖放人员的安排，一般按平地每人平均负重30 kg、山地为20 kg进行考虑。

放线时，将导线端头弯成小环，并用线绑扎，然后将牵引棕绳（或麻绳）穿过小环与导线绑在一起，拖拉牵引绳，陆续放出导线。为防止磨伤导线，可在每根电杆的横担上装一只开口滑轮，当导线拖拉至电杆处时，将导线提起嵌入滑轮，继续拖拉导线前进。所用滑轮的直径应不小于导线直径的10倍。铝绞线和钢芯铝绞线应采用铝滑轮或木滑轮；钢绞线则可采用铁滑轮，也可用木滑轮。在保证不损伤导线的情况下，也可将导线沿线路拖放在地面上，再由工作人员登上电杆，将导线用麻绳提到横担上，分别摆好。

在放线过程中，要有专人沿线查看，放线架处也应有专人看守，不应发生导线磨损、散股、断股、扭曲、金钩等现象。

为避免浪费导线，导线展放长度不宜过长，一般应比挡距长度增加2%～3%。还应注意，放线和紧线要尽可能在当天连续进行至紧线结束。若放线当天来不及紧线时，可使导线承受适当的张力，保持导线的最低点脱离地面3m以上，但必须检查各交叉跨越处，以不妨碍通电、通信、通航、通车为原则，然后使导线两端稳妥固定。

2.导线连接

导线由于受到制造长度的限制，有时不能满足线路长度的要求，也有时存在破损或断股现象。这样在架线时，就必须对导线进行必要的连接和修补。

对于新建线路，应尽量避免导线在挡距内接头，特别是在线路跨越挡内更不准有接头。当接头不可避免时，同一挡距内，同一根导线上的接头，不得超过一个，且导线接头的位置与导线固定点的距离应大于0.5 m。不同金属、不同规格、不同绞向的导线严禁在挡距内连接，必须连接时，只能在杆上跳线（跨接线、弓子线）内用并沟线夹或绑扎连接。

配电线路中，跳线之间连接或分支线与主干线的连接，当采用并沟线夹时，其线夹数量一般不少于两个；采用绑扎连接时，其绑扎长度应不小于表6-5之数值。须连接的两导线截面不同时，其绑扎长度应以小截面为准。连接时应做到接触紧密、均匀、无硬弯；跳线应呈均匀弧度。所用绑线，应选用与导线同金属的单股线，其直径不应小于2.0 mm。

导线的直线连接多采用连接管压接的方法。压口数量及压后尺寸应符合表6-5的规定。

表6-5　导线钳压压口数及压后尺寸

导线型号		钳压部位尺寸 /mm			压后尺寸 D/mm	压口数
		a_1	a_2	a_3		
钢芯铝绞线	LGJ-16/3	28	14	28	12.5	12
	-25/4	32	15	31	14.5	14
	-35/6	34	42.5	93.5	17.5	14
	-50/8	38	48.5	105.5	20.5	16
	-70/10	46	54.5	123.5	25.0	16
	-95/20	54	61.5	142.5	29.0	20
	-120/20	62	67.5	160.5	33.0	24
	-150/20	64	70	166	36.0	24
	-185/25	66	74.5	173.5	39.0	26
铝绞线	LJ-16	28	20	34	10.5	6
	-25	32	20	36	12.5	6
	-35	36	25	43	14.0	6
	-50	40	25	45	16.5	8
	-70	44	28	50	19.5	8
	-95	48	32	56	23.0	10
	-120	52	33	59	26.0	10
	-150	56	34	62	30.0	10
	-185	60	35	65	33.5	10

3.紧线和弛度观测

架空配电线路的紧线工作和弛度的观测是同时进行的。通常紧线方法采用单线法、双线法或三线法。单线法是一线一紧，所用紧线时间较长，但它使用最普遍。双线法是两根线同时一次收紧，施工中常用于同时收紧两根边导线。三线法是三根线同时一次收紧。

紧线通常在一个耐张段进行。紧线前应先做好耐张杆、转角杆和终端杆的拉线。大挡距线路应验算耐张杆强度，以确定是否增设临时拉线。临时拉线可拴在横担的两端，以防止紧线时横担发生偏转。待紧完导线并固定好之后，再将临时拉线拆除。

紧线时将耐张段一端的电杆作为固定端，另一端的电杆作为紧线端。先在固定端将导线放入耐张线夹中固定，然后在耐张段紧线端，用人力直接或通过滑轮组牵引导线，待导线脱离地面2～3 m后，再用紧线器夹住导线进行紧线。所用紧线器通常为三角紧线器。

紧线顺序一般是先紧中导线，后紧两边导线。紧线时，每根电杆上都应有人，以便及时松动导线，使导线接头能顺利越过滑轮和绝缘子。当导线收紧到接近弛度要求值时，应减慢牵引速度，待达到弛度设计要求值后，即停止牵引，等待0.5～1 min无变化时，由操作人员在操作杆上量好尺寸，画好印记，将导线卡入耐张线夹，然后将导线挂上电杆，松去紧线器。

10 kV以下架空配电线路导线紧好后，其弛度的误差不应超过设计弛度的±5%，同一挡距内各相导线弛度宜一致，水平排列的导线，弛度相差不应大于50 mm。

4.导线在绝缘子上的固定

导线在绝缘子上的固定方法，通常有顶绑法、侧绑法、终端绑扎法及用耐张线夹固定法。导线在直线杆针式绝缘子上的固定多采用顶绑法。导线在转角杆针式绝缘子上的固定采用侧绑法，有时由于针式绝缘子顶槽太浅，在直线杆上也可采用侧绑法。此种方法用于终端杆、耐张杆及耐张型转角杆上。但当这些电杆全部使用悬式绝缘子串时，则应采用耐张线夹固定导线与之配合。

导线的固定应牢固、可靠；绑扎时应在导线的绑扎处（或固定处）包缠铝包带，一般铝包带宽为10 mm，厚为1 mm，包缠应紧密无缝隙，但不应相互重叠（铝包带在导线弯曲的外侧允许有些空隙）。包缠长度应超出绑扎部分20～30 mm。所用绑线应为与裸导线材料相同的裸绑线。当导线为绝缘导线时，应使用带包皮的绑线。绑扎时，应注意不应损伤导线和绑线，绑扎后不应使导线过分弯曲，绑线在绝缘子颈槽内不得互相挤压。

三、杆上电气设备安装

（一）杆上变压器及变压器台安装

1.杆上变压器台的结构形式

杆上变压器台根据变压器容量大小，可分为单杆变压器台和双杆变压器台两种。根据变压器台在线路中的位置，又可分为终端式（位于高压线路的终端）和通过式（位于高压线路中，高压线通过变压器台）两种。两种结构形式基本相同，只是终端式应在线路反方向设置拉线，高压线采用悬式绝缘子；通过式则无须拉线，高压线用针式绝缘子固定。

2.杆上变压器及变压器台安装要求

杆上变压器台一般适用于负荷较小的场所，变压器容量小，且可深入负荷中心，因此，可减少电压损失和线路功率损耗。但变压器台应避免在转角杆、分支杆等杆顶结构比较复杂的电杆上装设，同时也应尽量避开车辆和行人较多的场所。一般应考虑装设在便于安装、检修及容易装设地线的地方。

变压器台架安装应平整牢固，对地距离不应小于2.5 m，水平倾斜不应大于台架根开的1/100。变压器安装在台架上，其中心线应与台架中心线相重合，并与台架有可靠的固定；单杆台安装的变压器，其中心应尽量靠近电杆侧。变压器一、二次引线应排列整齐，绑扎牢固；变压器安装后套管表面应光洁，不应有裂纹、破损等现象；套管压线螺栓等部件应齐全，且应安装牢固；油枕油位正常，外壳干净；呼吸孔道通畅；变压器无渗油现象，外壳涂层完整。

变压器中性点、外壳应与接地装置引出干线直接连接，接地装置的接地电阻符合设计要求。

（二）跌落式熔断器安装

跌落式熔断器又称跌落式开关。常用的有RW$_3$-10（G）、RW$_4$-10（G）、RW$_7$-10型等。熔断器由瓷绝缘子、接触导电系统和熔管三部分组成。RW$_3$-10（G）型户外高压跌落式熔断器。它主要用于10 kV、交流50 Hz的架空配电线路及电力变压器进线侧做短路保护。在一定条件下可以分断与接通空载架空线路、空载变压器和小负荷电流。在正常工作时，熔丝使熔管上的活动关节锁紧，故熔管能在上触头的压力下处于合闸状态。当熔丝熔断时，原被锁紧的活动关节释放，使熔管下垂，并在上下触头的弹力和熔管自重的作用下迅速跌落，形成明显的分断间隙。

跌落式熔断器在安装前应检查瓷件是否良好，熔丝管是否有吸潮膨胀或弯曲现象，各接触点是否光滑、平正，接触是否严密，熔丝管两端与固定支架两端接触部分是否对正,如有歪扭现象应调正。各部分零件应完整,固定螺钉没有松动现象,接触点的弹力适当,弹性的大小以保证接触时不断熔丝为宜,转动部分要灵活,合熔丝管时上触头应有一定的压缩行程。熔丝应无弯折、压扁、碰伤,熔丝与铜引线的压接不应有松脱现象。

跌落式熔断器通常是利用铁板和螺钉固定在角钢横担上。其安装高度应便于地面操作,一般可为4~5 m;安装之后熔管轴线与地面垂线的夹角为15~30°,且应排列整齐、高低一致,水平相间距离不得小于500 mm。熔断器本身各部分零件完整,转轴应光滑灵活,铸件不应有裂纹、砂眼、锈蚀。不论是单杆台或双杆台,都应安装在靠近变压器高压侧的开关横担上。装好熔丝合上后,刀口与刀片的间隙应塞不进0.5 mm的塞尺,并应能经得住一般振动而不致误动作。

(三)杆上油开关安装

杆上油开关的安装多采用托架形式(DW$_5$-10型为悬挂式安装),在电杆导线横担下面装设双横担,将油开关装在双横担上并固定牢靠。托架安装应平整,以保证安装好的油开关水平倾斜不大于托架长度的1/100,且油开关安装应牢固可靠。油开关引线与架空导线的连接应采用并沟线夹或绑扎。采用绑扎时,其绑扎长度不应小于150 mm,且绑扎应紧密,开关外壳应妥善接地。

油开关在安装前应进行电气性能试验和外观检查。油开关套管应完整无损,没有裂纹、烧伤、松动和油污等现象,触头接触严密,操作机构灵活,分合闸位置指示正确可靠,油箱无渗油现象。

四、接户线安装

接户线是指从架空线路电杆上引到建筑物电源进户点前第一支持点的一段架空导线。按其电压等级可分为低压接户线和高压接户线。接户线安装应满足设计要求。

(一)低压接户线

低压接户线一般应从靠近建筑物而又便于引线的一根电杆上引下来,但从电杆到建筑物上导线第一支持点间的距离不宜大于25 m。否则，不宜直接引入，应增设接户线杆。低压接户线一般宜采用绝缘导线，导线的架设应符合下列规定：

1.低压架空接户线的线间距离，在设计未做规定时，自电杆上引下者，不应小于200 mm；沿墙敷设者为150 mm。安装后，在最大弛度情况下对路面中心垂直距离不应小于下列规定：通车街道为6 m；通车困难的街道、人行道、胡同（里、弄、巷）为3.5 m，进户点的对地距离不应小于2.5 m。

2.接户线不宜跨越建筑物，如必须跨越时，在最大弛度情况下，对建筑物的垂直距离不应小于2.5 m；当与建筑物有关部分接近时，也应保持在规定范围之内。一般接户线与上方窗户或阳台的垂直距离不小于800 mm；与下方窗户的垂直距离不小于300 mm；与下方阳台的垂直距离不应小于2500 mm；与窗户或阳台的水平距离不应小于750 mm；与墙壁、构架的距离不应小于50 mm。

3.低压架空接户线不应从1 ~ 10 kV引下线间穿过。当与弱电线路交叉时，其交叉距离不应小于下列数值：在弱电线路上方时，垂直距离为600 mm；在弱电线路下方时，垂直距离为300 mm。

4.低压架空接户线在电杆上和进户处均应牢固地绑扎在绝缘子上，以避免松动脱落。绝缘子应安装在支架或横担上，支架或横担应装设牢固，并能承受接户线的全部拉力。导线截面在16 mm² 以上时应使用蝶式绝缘子。

导线穿墙必须用套管保护，套管理设应内高外低，以免雨水流入屋内。钢管可用防水弯头，管口应光滑，防止擦伤导线绝缘。

（二）高压架空接户线

高压架空接户线安装要求应遵守高压架空配电线路架设的有关规定，在此应提出注意的有以下三点：

1.导线的固定。当导线截面较小时，一般可使用悬式绝缘子与蝶式绝缘子串联方式固定在建筑物的支持点上；当导线截面较大时，则应使用悬式绝缘子与耐张线夹串联方式固定。

2.高压架空接户线使用裸绞线，其最小允许截面为：铜绞线为16 mm²，铝绞线为25 mm²。线间距离不应小于450 mm。

3.高压架空接户线在引入口处的最小对地距离不应小于4.0 m。导线引入室内必须采用穿墙套管而不能直接引入,以防导线与建筑物接触,造成触电伤人及发生接地故障。

不论接户线的电压高低,都应注意导线在挡距内不准接头,并且要保证导线在最大摆动时,不应有接触树木和其他建筑物的现象。由两个不同电源引入的接户线不宜同杆架设。

五、室外电缆线路安装

室外电缆线路的敷设有直接埋地敷设、电缆沟敷设、电缆管及排管敷设、电缆隧道内敷设等。应根据电缆数量及环境条件等进行选定。

(一)电缆线路安装应具备的条件

电缆线路的安装应按已批准的设计进行施工。图纸是施工的依据,施工人员在开工前必须对图纸进行认真的会审,做好一切技术准备工作,针对工程实际,依据国家现行技术规范,事先制定出安全技术措施。

施工现场已具备电缆线路安装的条件。与电缆线路安装有关的建筑物、构筑物的建筑工程质量符合要求,且已具备下列条件:

1.预埋件符合设计,安置牢固。

2.电缆沟、隧道、竖井及人孔等处的地坪及抹面工作结束。

3.电缆沟、隧道等处的施工临时设施、模板及建筑废料等清理干净,施工用道路畅通,盖板齐全。

4.电缆线路敷设后,不能再进行的建筑工程工作已结束。

5.电缆沟排水畅通,电缆室的门窗安装完毕。

(二)电缆直接埋地敷设

电缆直接埋地敷设是电缆敷设方式中应用最广泛的一种。一般当沿同一路径敷设的电缆根数较少(八根以下)、敷设距离较长且场地又有条件,电缆宜采用直接埋地敷设。敷设时,沿已选定的路线挖沟,然后把电缆埋在里面,电缆埋设深度及电缆沟尺寸表6-6所示。

表6-6　电缆沟宽度表

电缆沟宽度 B/mm		控制电缆根数						
		0	1	2	3	4	5	6
10 kV 以下电力电缆根数	0		350	380	510	640	770	900
	1	350	450	580	710	840	970	1100
	2	500	600	730	860	990	1120	1250
	3	650	750	880	1010	1140	1270	1400
	4	800	900	1030	1160	1290	1420	1550
	5	950	1050	1180	1310	1440	1570	1800
	6	1100	1200	1330	1460	1590	1720	1850

电缆埋设深度，一般要求电缆的表面距地面的距离不应小于0.7 m，穿越农田或在车行道下敷设时不应小于1 m；当遇到障碍物或冻土层较深的地方，则应适当加深，使电缆埋于冻土层以下。当无法深埋时，应采取措施，防止电缆受到损伤。在电缆引入建筑物、与地下建筑物交叉及绕过地下建筑物处，可埋设浅些，但应采取保护措施。

当电缆与铁路、公路、城市街道、厂区道路交叉时，应敷设于坚固的保护管或隧道内。

直埋电缆的上、下部应铺以不小于100 mm厚的软土或沙层（软土或沙子中不应有石块或其他硬质杂物），并盖以混凝土保护板，其覆盖宽度应超过电缆两侧各50 mm，也可用砖块代替混凝土盖板。当电缆之间、电缆与其他管道、道路、建筑物等之间平行或交叉时，其间的最小距离应符合表6-7之规定，严禁将电缆平行敷设于管道的上面或下面。特殊情况可按表中备注规定执行。

直埋电缆在直线段每隔50 ~ 100 m处、电缆接头处、转弯处、进入建筑物等处，应设置明显的方位标志或标桩。

直埋电缆回填土前，应经隐蔽工程验收合格，并分层夯实。

表6-7　电缆之间、电缆与管道、道路、建筑物之间平行和交叉时最小允许净距

序号	项目		最小允许净距 /m		备注
			平行	交叉	
1	电力电缆间及其与控制电缆间（1）10 kV 以下		0.10	0.50	（1）控制电缆间平行敷设的间距不做规定；序号"1""3"项，当电缆穿管或用隔板隔开时，平行净距可降低为 0.1 m （2）在交叉点前后 1 m 范围内，如电缆穿入管中或用隔板隔开时，交叉净距可降低为 0.25 m
	（2）10 kV 以上		0.25	0.50	
2	控制电缆间		—	0.50	
3	不同使用部门的电缆间		0.50	0.50	
4	热管道（管沟）及热力设备		2.00	0.50	（1）虽净距能满足要求，但检修管路可能伤及电缆时，在交叉点前后 1 m 范围内，尚应采取保护措施 （2）当交叉净距不能满足要求时，应将电缆穿入管中，则其净距可减为 0.25 m （3）对序号第"4"项，应采取隔热措施，使电缆周围土壤的温升不超过 10℃
5	油管道（管沟）		1.00	0.50	
6	可燃气体及易燃液体管道（管沟）		1.00	0.50	
7	其他管道（管沟）		0.50	0.50	
8	铁路路轨		3.00	1.00	—
9	电气化铁路路轨	交流	3.00	1.00	—
		直流	10.00	1.00	如不能满足要求，应采取防电化腐蚀措施
10	公路		1.50	1.00	特殊情况，平行净距可酌减
11	城市街道路面		1.00	0.70	
12	电杆基础（边线）		1.00	—	
13	建筑物基础（边线）		0.60	—	—
14	排水沟		1.00	0.50	

（三）电缆沟敷设

同一路径敷设电缆根数较多，而且按规划沿此路径的电缆线路时有增加，为施工及今后使用维护的方便，宜采用电缆沟敷设。电缆沟断面及各部尺寸见表6-8所示。

电缆沟常由土建专业施工，砌筑沟底、沟壁，沟壁上用膨胀螺栓固定电缆支架，也可将支架直接埋入沟壁，电缆安放在支架上。电缆沟应有防水措施，其底部应有不少于0.5%的坡度，以利排水。电缆沟的盖板一般采用混凝土盖板。

表6-8 距种类电缆沟沟深/mm

间距种类		电缆沟沟深/mm	
		600 以下	600 以上
通道宽度	两侧设支架	300	500
	一侧设支架	300	450
支架层间垂直距离	电力电缆	150	150
	控制电缆	100	600
支架水平间距	电力电缆	1000	
	控制电缆	800	
支架支臂的最大长度		350	

电缆在支架上的排列应按设计进行，电力电缆和控制电缆不应配置在同一层支架上；但当电力电缆和控制电缆敷设在同一侧支架上时，应将控制电缆放在电力电缆的下面，1 kV以下电力电缆放在1 kV以上电力电缆的下面。电缆与热力管道、热力设备之间的净距，平行时不应小于1 m，交叉时不应小于0.5 m，当受条件限制时，应采取隔热保护措施。电缆通道应避开锅炉的看火孔和制粉系统的防爆门；当受条件限制时，应采取穿管或封闭槽盒等隔热防火措施。电缆不宜平行敷设于热力设备和热力管道的上部。明敷在室内及电缆沟、隧道、竖井内带有麻护层的电缆，应剥除麻护层，并对其铠装加以防腐。电缆按规定敷设完毕后，应及时清除杂物，盖好盖板，必要时还应将盖板缝隙密封。

（四）电缆隧道敷设

电缆隧道敷设和电缆沟敷设基本相同，只是电缆隧道所容电缆根数更多（一般在18根以上），电缆隧道净高不应低于1.9 m，以使人在隧道内能方便地巡视和维修电缆线路，其底部处理与电缆沟底部相同，做成坡度不小于0.5%的排水沟，四壁应做严格的防水处理。

（五）电缆在排管内敷设

适用于电缆数量不超过12根，并与各种管道及道路交叉较多，路径又比较拥挤，不宜采用直埋或电缆沟敷设的地段，排管可采用石棉水泥管或混凝土管。

电缆排管敷设应一次留足备用管孔数，当无法预计发展情况时除了考虑散热孔外可留10%的备用孔，但不应少于1孔。电缆排管管孔的内径不应小于电缆外径的1.5倍，电力电缆的管孔内径不应小于90 mm，控制电缆的管孔内径不应小于75 mm。

电缆还可以穿钢管、混凝土管、石棉水泥管等管道敷设。

（六）电缆管的加工及敷设

电缆保护管的种类较多，用于电缆保护管的管子不应有穿孔、裂缝和显著的凹凸不平，内壁应光滑；金属管不应有严重锈蚀。硬质塑料管不得用在温度过高或过低的场所。在易受机械损伤的地方和在受力较大处直埋时，应采用足够强度的管材。

电缆管的内径与电缆外径之比不得小于1.5；混凝土管、陶土管、石棉水泥管除应满足上述要求外，其内径尚不宜小于100 mm。每根电缆管的弯头不应超过3个，直角弯不应超过2个。

电缆管的加工应符合下列要求：

1.管口应无毛刺和尖锐棱角，管口宜做成喇叭形。

2.电缆管在弯制后，不应有裂缝和显著的凹瘪现象，其弯扁程度不宜大于管子外径的10%；电缆管的弯曲半径不应小于所穿入电缆的最小允许弯曲半径。

3.金属电缆管应在外表涂防腐漆或涂沥青，镀锌管锌层剥落处也应涂以防腐漆。

电缆管的连接应牢固，密封应良好，两管口应对准。套接的短套管或带螺纹的管接头的长度，均不应小于电缆管外径的2.2倍。金属电缆管不宜直接对焊。硬质塑料管在套接或插接时，其插入深度宜为管子内径的1.1 ~ 1.8倍。在插接面上应涂以胶合剂粘牢密封；采用套接时套管两端应封焊。

敷设混凝土、陶土、石棉水泥等电缆管时，其地基应坚实、平整，不应有沉陷。电缆管的埋设深度不应小于0.7 m；在人行道下面敷设时，不应小于0.5 m。电缆与铁路、公路、城市街道、厂区道路下交叉时，应敷设于坚固的保护管内，一般多使用钢管，埋设深度不应小于1 m，管的长度应使其两端各伸出道路路基2 m；伸出排水沟0.5 m；对城市街道应伸出车道路面。电缆保护管与其他管道（水、石油、煤气管）及直埋电缆交叉时，两端各伸出长度不应小于1 m。

（七）电缆支架的加工与安装

电缆支架有装配式支架、角钢支架和混凝土支架等。装配式支架多由制造厂加工制作，角钢支架则可在施工现场加工制作。支架加工所用钢材应平直，无明显扭曲。下料误差应在5 mm范围内，切口应无卷边和毛刺。支架的焊接应牢固，无明显的变形。各横撑间的垂直净距与设计偏差不应大于5 mm。其层间允许最小距离见表6-9所示。金属支架必须进行防腐处理。位于湿热、盐雾及有化学腐蚀地区时，应根据设计做特殊的防腐处理。

表6-9　电缆支架层间允许最小距离/mm

电缆类型和敷设特征		支（吊）架	桥架
控制电缆		120	200
电力电缆	10 kV 以下（除 6 ~ 10 kV 交联聚乙烯绝缘外）	150 ~ 200	250
	6 ~ 10 kV 交联聚乙烯绝缘	200 ~ 250	300
	35 kV 单芯，66 kV 以上，每层 1 根	250	300
	35 kV 三芯，66 kV 以上，每层多于 1 根	300	350
电缆敷设于槽盒内		h+80	h+100

电缆支架的安装固定方式应按设计要求进行，可用膨胀螺栓固定，也可以将支架焊接固定在预埋铁件上。安装支架时，宜先找好直线段两端支架的准确位置，安装固定好，然后再均匀安装中间部位的支架，最后安装分支、转角处的支

架。电缆沟或电缆隧道内，电缆支架最上层至沟顶及最下层至沟底的距离，不宜小于表6-10中的数值。支架安装固定应牢固、横平竖直、安全可靠。电缆支架间的距离见表6-11所示。各支架的同层横档应在同一水平面上，其高低偏差不应大于5 mm。在有坡度的电缆沟内或建筑物上安装的电缆支架，应有与电缆沟或建筑物相同的坡度。

表6-10　电缆支架最上层及最下层至沟顶、楼板或沟底、地面的距离/mm

敷设方式	电缆隧道及夹层	电缆沟	吊架	桥架
最上层至沟顶或楼板	300 ~ 350	150 ~ 200	150 ~ 200	350 ~ 450
最下层至沟底或地面	100 ~ 150	50 ~ 100	—	100 ~ 150

表6-11　电缆各支持点间的距离/mm

电缆种类		敷设方式	
		水平	垂直
电力电缆	全塑型	400	1000
	除全塑型外的中低压电缆	800	1500
	35 kV 以上高压电缆	1500	2000
控制电缆		800	1000

安装好的电缆支架，全长均应有良好的接地。接地线宜使用圆钢或扁钢，在电缆敷设前与支架焊接连接。

第七章　电动机及变配电室安装

第一节　电动机及低压电器安装

一、低压电器安装

低压电器一般是指用于交流 50 Hz、额定电压为 1200 V 以下、直流电压为 1500 V 以下电路中的电气设备。它们是在电路中主要起着通断、保护、控制或调节作用的电器。

（一）低压电器的种类

低压电器根据其在电路中所处的地位和作用，可分为低压配电电器和低压控制电器两大类，见表 7-1 所示。

表 7-1　低压电器产品分类及用途

产品名称		主要品种	用途
配电电器	断路器	塑料外壳式断路器 框架式断路器 限流式断路器 漏电保护断路器 灭磁断路器 直流快速断路器	用于线路过载、短路、漏电或欠压保护，也可用于不频繁接通和分断电路
	熔断器	有填料熔断路 无填料熔断器 半封闭插入式熔断器 快速熔断器 自复熔断器	用作线路和设备的短路和过载保护

（续表）

产品名称		主要品种	用途
配电电器	刀形开关	大电流隔离器熔断器式刀开关开关板用刀开关负荷开关	主要用作电路隔离，也能接通分断额定电流
	转换开关	组合开关换向开关	主要作为两种以上电源或负载的转换和通断电路之用
控制电器	接触器	交流接触器直流接触器真空接触器半导体式接触器	主要用作远距离频繁启动或控制交直流电动机，以及接通分断正常工作的主电路和控制电路
	启动器	直接（全压）启动器星三角减压启动器自耦减压启动器变阻式转子启动器半导体式启动器真空启动器	主要用作交流电动机的启动和正反向控制
	控制继电器	电流继电器电压继电器时间继电器中间继电器温度继电器热继电器	主要用于控制系统中，控制其他电器或做主电路的保护之用
	控制器	凸轮控制器平面控制器鼓形控制器	主要用于电气控制设备中转换主回路或励磁回路的接法，以达到电动机启动、换向和调速的目的
	主令电器	按钮限位开关微动开关万能转换开关脚踏开关接近开关程序开关	主要用于接通分断控制电路，以发布命令或用作程序控制
	电阻器	铁基合金电阻器	用作改变电路参数或变电能为热能
	变阻器	励磁变阻器启动变阻器频敏变阻器	主要用作发电机调压及电动机平滑启动和调速
	电磁铁	起重电磁铁牵引电磁铁制动电磁铁	用于起重、操纵或牵引机械装置

（二）低压电器安装前，建筑工程应具备的条件

低压电器安装前，与低压电器安装有关的建筑工程的施工应符合下列要求：

1. 与低压电器安装有关的建筑物、构筑物的建筑工程质量，应符合国家现行的建筑工程施工及验收规范中的有关规定。当设备或设计有特殊要求时，尚应符合其要求。

2. 低压电器安装前，建筑工程应具备下列条件：

①屋顶、楼板应施工完毕，不得渗漏。

②对电器安装有妨碍的模板、脚手架等应拆除，场地应清扫干净。

③室内地面基层应施工完毕，并应在墙上标出抹面标高。

④环境湿度应达到设计要求或产品技术文件的规定。

⑤电气室、控制室、操作室的门、窗、墙壁、装饰棚应施工完毕，地面应抹光。

⑥设备基础和构架应达到允许设备安装的强度；焊接构件的质量应符合要求，基础槽钢应固定可靠。

⑦预埋件及预留孔的位置及尺寸，应符合设计要求，预埋件应牢固。

（三）低压电器安装一般规定

1. 安装前的检查

低压电器安装前的检查应符合下列要求：

①设备铭牌、型号、规格，应与被控制线路或设计相符。

②外壳、漆层、手柄，应无损伤或变形。

③内部仪表、灭弧罩、瓷件、胶木电器，应无裂纹或伤痕。

④螺栓应拧紧。

⑤具有主触头的低压电器，触头的接触应紧密，采用0.05 mm×10 mm的塞尺检查，接触两侧的压力应均匀。

⑥附件应齐全、完好。

2. 低压电器的安装

低压电器的安装高度，应符合设计规定；当设计无明确规定时，一般落地安装的低压电器，其底部宜高出地面50～100 mm；操作手柄转轴中心与地面的距离，宜为1200～1500 mm；侧面操作的手柄与建筑物或设备的距离，不宜小于200 mm。

低压电器的固定，一般应符合下列要求：

①低压电器安装固定，应根据其不同的结构，采用支架、金属板、绝缘板固定在墙、柱或其他建筑构件上。金属板、绝缘板应平整；当采用卡轨支撑安装时，卡轨应与低压电器匹配，并用固定夹或固定螺栓与壁板紧密固定，严禁使用变形或不合格的卡轨。

②当采用膨胀螺栓固定时，应按产品技术要求选择螺栓规格；其钻孔直径和埋设深度应与螺栓规格相符。

③紧固件应采用镀锌制品，螺栓规格应选配适当，电器的固定应牢固、平稳。

④有防振要求的电器应增加减振装置，其紧固螺栓应采取防松措施，已报账电器设备在各种工作环境下的稳定运行。

⑤固定低压电器时，不得使电器内部受额外应力。

⑥成排或集中安装的低压电器应排列整齐；器件间的距离，应符合设计要求，并应便于操作及维护。

3.低压电器的接线

低压电器的外部接线，应符合下列要求：

①接线应按接线端头的标志进行。

②接线应排列整齐、清晰、美观；导线绝缘应良好、无损伤。

③电源侧进线应接在进线端，即固定触头接线端；负荷侧出线应接在出线端，即可动触头接线端。

④电器的接线应采用铜质或有电镀金属防锈层的螺栓和螺钉，连接时应拧紧，且应有防松装置。

⑤外部接线不得使电器内部受到额外应力。

⑥母线与电器连接时，接触面应平整，无氧化膜，并应涂以电力复合脂。连接处不同相的母线最小电气间隙，应符合表7-2的规定。

表7-2　不同相母线最小电气间隙

额定电压 /V	最小电气间隙 /mm
V ≤ 500	10
500 < V ≤ 1200	14

4.低压电器的试验

低压电器的试验项目和要求见表7-3所示。

表7-3　低压电器交接试验

序号	试验内容	试验标准或条件
1	绝缘电阻	用500VMΩ表摇测，绝缘电阻值≥1MΩ；潮湿场所，绝缘电阻值≥0.5MΩ
2	低压电器动作情况	除产品另有规定外，电压、液压或气压在额定值的85%～110%范围内能可靠动作
3	脱扣器的整定值	整定值误差不得超过产品技术条件的规定
4	电阻器和变阻器的直流电阻差值	符合产品技术条件规定

（四）刀开关和转换开关安装

带有刀形动触头，在闭合位置与底座上的静触头相契合的开关，称为刀开关。常用刀开关有HD系列单投刀开关、HS系列双投刀开关、HH系列封闭式负荷开关、HK系列开启式负荷开关。它主要用于成套配电设备中隔离电源，还可作为不频繁地接通和分断电路用。

用于转换电路，从一组连接转换至另一组连接的开关，称为转换开关。它主要用于电源的接通、切断用，转换电源或负载，也可以控制电动机。

1.刀开关安装

HD系列单投刀开关和HS系列双投刀开关，均属开关板用刀开关。开关极数有1、2、3极3种。开关有带灭弧室的，也有不带灭弧室的；操作机构有中央手柄式、中央杠杆式、侧面杠杆式及侧面手柄式等；接线方式有板前接线和板后接线等。

刀开关安装要求如下：

①刀开关应垂直安装。只有在不切断电流、有灭弧装置或用于小电流电路等情况下，可水平安装。水平安装时，分闸后可动触头不得自行脱落，其灭弧装置应固定可靠。

②可动触头与固定触头的接触应良好；大电流的触头或刀片宜涂电力复合脂。

③双投刀闸开关在分闸位置时，刀片应可靠固定，不得自行合闸。

④安装杠杆操作机构时，应调节杠杆长度，使操作到位且灵活；开关辅助接点指示应正确。

⑤开关的动触头与两侧压板距离应调整均匀，合闸后接触面应压紧，刀片与静触头中心线应在同一平面，且刀片不应摆动。

⑥带有灭弧室的刀开关安装完毕，应将灭弧室装牢。

2.负荷开关安装

HH 系列封闭式负荷开关，俗称铁壳开关，常用型号有 HH_3 和 HH_4 型。这种开关的闸刀和熔丝都装在一个铁壳内，手柄和铁壳有机械联锁装置，在不拉开闸刀时不能打开铁壳。当铁壳打开时，开关不能合闸，保证了操作和更换熔体的安全。

HK 系列开启式负荷开关，也称胶盖瓷底闸刀开关。这种刀开关全部导电零件都安装在一块瓷底板上，开关与熔丝组合，没有专门的灭弧装置，附有胶木盖把相间带电裸露体隔开，防止电弧烧伤人手。

HK 系列开启式负荷开关，多用在配电板上安装。安装时，底板应垂直于地面，手柄向上，不能倒装，尽量避免水平安装。

开关的刀片和夹座接触处应成直线接触，不应歪斜。接线时，应把电源线接在进线座上，负载线接在出线座上，接线应牢固，接触应紧密。

可直接（或用支架）安装在墙上或柱子上，也可安装在开关板上。施工方法与配电箱安装方法相同。

不管采用何种安装方法，均须注意以下五点：

①铁壳开关必须垂直安装，安装高度按设计要求。若设计无要求，可取操作手柄中心距地面 1.2 ~ 1.5 m。

②铁壳开关的外壳应可靠接地或接零。

③铁壳开关进出线孔的绝缘圈（橡皮、塑料）应齐全。

④采用电线管配线时，管子应穿入进出线孔内，并用管螺帽拧紧。如果电线管不能进入进出线孔内，则可在接近开关的一段，用金属软管（蛇皮管）与铁壳开关相连。金属软管两端均应采用管接头固定。

⑤外壳完好无损，机械联锁正常，绝缘操作连杆固定可靠，可动触片固定良好，接触紧密。

（五）低压断路器安装

低压断路器又称自动开关、空气开关，是一种能够自动切断线路故障的控制保护电器。它用在低压配电线路中作为开关设备和保护元件，也可以用在电动机主回路上作为短路、过载和失压保护用，还可以作为启动电器，故被广泛采用。

根据断路器的结构形式可分为塑料外壳式（装置式）、框架式（万能式）两类。

框架式断路器为敞开式结构，它能实现各种不正常工作情况时的保护（如过电流保护和低电压保护等），并在操作上具有各式各样的传动机构（如直接手动、杠杆连动、电磁铁操作及压缩空气操作）和不同框架（如敞开式、手车式及其他防护形式），广泛应用于企业、电厂和变电站、舰艇及其他场所。常用断路器有DW10、DW15系列框架式断路器，DW15C系列抽屉式断路器，DWX15系列万能式限流断路器，等等。

塑料外壳式断路器的结构特点是具有安全保护用的塑料外壳，适用于保护设备的过电流。它除了用于与框架式自动开关相同的场合外，还用于公共建筑物和住宅中的照明电路。常用的有DZ10系列、DZ15系列和DZ20系列断路器。

低压断路器可以安装在墙上、柱子上或支架上，通常安装在配电屏（箱）内。其安装要求如下：

1.低压断路器的安装，应符合产品技术文件的规定；当无明确规定时，宜垂直安装，其倾斜度不应大于5°。

2.低压断路器与熔断器配合使用时，熔断器应安装在电源侧。

3.低压断路器操作机构的安装，应满足下列要求：

①操作手柄或传动杠杆的开、合位置应正确，操作力不应大于产品允许值。

②电动操作机构的接线应正确。在合闸过程中，开关不应跳跃；开关合闸后，限制电动机或电磁铁通电时间的联锁装置应及时动作；使电磁铁或电动机通电时间不超过产品规定值。

③开关辅助接点动作应正确可靠，接触应良好。

④抽屉式断路器的工作、试验、隔离三个位置的定位应明显，并应符合产品技术文件的规定。

⑤抽屉式断路器空载时进行抽、拉数次应无卡阻，机械联锁应可靠。

4.低压断路器的接线应正确、可靠。裸露在箱体外部且易触及的导线端子，应加绝缘保护。有半导体脱扣装置的低压断路器，其接线应符合相序要求，脱扣装置的动作应可靠。

（六）漏电保护器安装

漏电保护器是漏电电流动作保护器的简称，是在规定条件下，当漏电电流达到或超过给定值时，能自动断开电路的机械开关电器或组合电器。目前，生产的漏电保护器主要为电流动作型。

漏电保护器是在断路器内增设一套漏电保护元件组成的。因此，漏电保护器除具有漏电保护的功能外，还具有断路器的功能。例如DZ15L、DZ15LE均是在DZ15型断路器的基础上加装漏电保护而构成的。因此，其基本结构与断路器相同，只是在其下部增加了零序电流互感器、漏电脱扣器和试验装置三部分元件，这些元件与主断路器全部装在一个塑料外壳内。

漏电保护器的安装及调整试验，应符合下列要求：

1.安装前应注意核对漏电保护器的铭牌数据，应符合设计和使用要求，并进行操作检查，其动作应灵活。

2.在特殊环境中使用的漏电保护器，应采取防腐、防潮或防热等措施。

3.应按漏电保护器产品标志进行电源侧和负荷侧接线。

4.带有短路保护功能的漏电保护器安装时，应确保有足够的灭弧距离。

5.电流型漏电保护器安装后，除应检查接线无误外，还应通过试验按钮检查其动作性能，并应满足要求。

（七）低压接触器和启动器安装

低压接触器和启动器是电动机电路的主要控制电器。

1.接触器安装

接触器一般由电磁系统、主触头及灭弧罩、辅助触头、支架和底座组成。按其主触头所控制的电流种类，分为交流接触器和直流接触器。常用的有CJ10、CJ20系列交流接触器，B系列交流接触器，3TB系列交流接触器。

接触器安装应注意以下五点：

①安装前清除衔铁板面上的锈斑、油垢，使衔铁的接触面平整、清洁。可动

部分应灵活、无卡阻；灭弧罩之间应有间隙。

②触头的接触应紧密，固定主触头的触头杆应固定可靠。

③当带有常闭触头的接触器闭合时，应先断开常闭触点，后接通主触头；当断开时，应先断开主触头，后接通常闭触头，且三相主触头的动作应一致，其误差应符合产品技术文件的要求。

④接触器应垂直安装，其倾斜度不得超过5°，接线应正确。

⑤在主触头不带电的情况下，启动线圈间断通电，主触头动作正常，衔铁吸合后应无异常响声。

2.启动器安装

控制电动机启动与停止或反转的，有过载保护的开关电器，称为启动器。常用启动器有电磁启动器（又称磁力启动器）、自耦减压启动器、星-三角启动器等。

电磁启动器是由交流接触器与热继电器组成的。例如QC12系列电磁启动器是由CJ12系列交流接触器与JRO系列热继电器组成的。因此，电磁启动器的安装要求与接触器的安装要求基本相同。另外，应注意，电磁启动器热元件的规格应与电动机的保护特性相匹配；热继电器的电流调节指示位置应调整在电动机的额定电流值上，并应按设计要求进行定值校验。

星-三角启动器有手动和自动两种。星-三角启动器检查调整应注意以下两点：

①启动器的接线应正确，电动机定子绕组正常工作应为三角形接线。

②手动操作的星-三角启动器，应在电动机转速接近运行转速时进行切换；自动转换的启动器应按电动机负荷要求正确调节延时装置。

自耦减压启动器常用的有手动式和自动式。例如QJ3系列油浸式手动自耦减压启动器和QJ10系列自耦减压启动器都要求垂直安装。调整时，应注意以下三点：油浸式启动器的油面不得低于标定油面线；减压抽头在65%～80%额定电压下，应按负荷要求进行调整；启动时间不得超过自耦减压启动器允许的启动时间，一般最大启动时间（包括一次或连续累计数）不超过2 min。

（八）控制器的安装

控制器是用以改变主回路或激磁回路的接线，或改变接在电路中的电阻值，来控制电动机的启动、调速和反向的开关电器。控制器主要分为两类：平面控制器的转换装置是平面的；凸轮控制器的转换装置是凸轮。常用的是凸轮控制器，如 KTJ1、KTJ15、KTJ16 系列交流凸轮控制器，KT10、KT12 系列交流凸轮控制器。它们主要用于起重设备中控制中小型绕线式转子异步电动机的启动、停止、调速换向及制动，也适用于有相同要求的其他电力拖动场合，如卷扬机等。

控制器通常用底脚螺栓直接安装在地上或支架上，小型凸轮控制器有时安装在操作台上。控制器的安装应符合下列要求：

1.控制器的工作电压应与供电电源电压相符。

2.凸轮控制器的安装位置，应便于观察和操作；操作手柄或手轮的安装高度宜为 800 ～ 1200 mm。

3.控制器操作应灵活；挡位应明显、准确。带有零位自锁装置的操作手柄，应能正常工作。

4.操作手柄或手轮的动作方向，宜与机械装置的动作方向一致；操作手柄或手轮在各个不同位置时，其触头的分、合顺序均应符合控制器的开、合表图的要求，通电后应按相应的凸轮控制器件的位置检查电动机，并应运行正常。

5.控制器触头压力应均匀；触头超行程不应小于产品技术文件的规定。凸轮控制器主触头的灭弧装置应完好。

6.控制器的转动部分及齿轮减速机构应润滑良好。

控制器在投入运行前，应用 500 ～ 1000 V 兆欧表测量其绝缘电阻。绝缘电阻值一般应在 0.5 MΩ 以上，同时应根据接线图检查接线是否正确。

控制器的外壳一般都有接地螺栓。安装时，应将其与接地网连接，使其妥善接地。

二、柴油发电机组安装

（一）柴油发电机组安装工艺流程

柴油发电机组安装的工艺流程是：基础验收→开箱检查→主机安装→排烟、燃油、冷却系统安装→电气设备安装→地线安装→机组接线→机组调试→机组试运行。

（二）基础验收

根据设计图纸、产品样本或柴油发电机组本体实物对设备基础进行全面检查，应在符合安装尺寸要求时，才能进行机组的安装。

（三）设备开箱检验

设备开箱检验应由安装单位、供货单位、建设单位及工程监理共同进行，并做好开箱检查记录。依据装箱单核对主机、附件、专用工具、备品、备件及随机技术文件，查验合格证和出厂试运行记录，发电机及其控制柜应有出厂试验记录。做好外观检查，机组有铭牌，机身无缺件，表面涂层完整。柴油发电机组及其附属设备均应符合设计要求。

（四）机组主体安装

现场允许吊车作业的，可用吊车将机组整体吊起，把随机配的减振器装在机组的底下，然后将机组放置在验收合格的基础上。一般情况下，减振器无须固定，只须在减振器下垫一薄的橡胶板即可。如果需要固定，应事先将减振器的地脚孔做好，并埋好地脚螺栓，将机组吊起，使地脚螺栓插入减振器地脚孔，放好机组，调校机组拧紧螺栓即可。

如果现场不允许吊车作业，可利用滚杠将机组滚至基础上，用千斤顶将机组一端抬高，至底座下的间隙能安装减振器即可。安好减振器，释放千斤顶，用同样方法再抬高机组另一端，装好剩余的减振器，撤出滚杠，并释放千斤顶。

（五）排气、燃油、冷却系统安装

1.排烟系统的安装

柴油发电机组的排烟系统由法兰连接的管道、支撑件、波纹管和消声器组成。在法兰连接处应加石棉垫圈，排烟管出口应经过打磨，消声器要安装正确。机组与排烟管之间连接的波纹管不能受力，排烟管外侧宜包一层保温材料。

2.燃油、冷却系统的安装

主要包括储油罐、机油箱、冷却水箱、电加热器、泵、仪表及管路的安装。

（六）电气设备的安装

1.发电机控制箱（屏）是发电机的配套设备，主要是控制发电机送电及调压。根据现场实际情况，小容量发电机的控制箱直接安装在机组上，大容量发电机的控制屏则固定在机房的地面基础上，或安装在与机组隔离的控制室内。安装方法与成套配电柜安装一样。

2.一般500 kW以下的柴油发电机组，随机组配有配套的控制箱（屏）和励磁箱；对于500 kW以上的机组，机组生产商一般提供控制屏。

3.根据控制屏和机组安装的位置安装金属桥架，用来敷设导线。

（七）地线安装

1.将发电机的中性线与接地母线用专用地线及螺母连接，螺栓防松装置齐全，并设置标志。

2.将发电机本体和机械部分的可接近裸露导体均应与保护接地（PE）可靠连接。

（八）机组接线

1.按要求敷设电源回路、控制回路的电缆，并与设备进行连接。

2.发电机及控制箱接线应正确可靠。馈电线两端的相序必须与原供电系统的相序一致。

3.发电机随机的配电柜和控制柜接线应正确无误，所有紧固件应牢固、无遗漏脱落，开关、保护装置的型号、规格必须符合设计要求。

（九）机组调试

1.将所有的接线端子螺钉再检查一次。发电机静态试验项目及要求必须符合表7-4的规定。用兆欧表测试发电机至配电柜的馈电线路的相间、相对地间的绝缘电阻，其绝缘电阻值必须大于0.5 MΩ。塑料绝缘电缆馈电线路直流耐压试验为2.4 kV，时间为15 min，泄漏电流稳定，无击穿现象。

2.用机组的启动装置手动启动柴油发电机进行无负荷试车，检查机组的转向和机械转动有无异常，供油和机油压力是否正常，冷却水温是否过高，转速自动和手动控制是否符合要求；如发现问题，及时解决。

3.检查机组电压、电池电压、频率是否在误差范围内，否则应进行适当调整。

4.检测自动化机组的冷却水、机油加热系统。接通电源，如水温低于15℃，加热器应自动启动加热，当温度达30℃时，加热器应自动停止加热。对机油加热器的要求与冷却水加热器的要求一致。

5.检测机组的保护性能。采用仪器分别发出机油压力低、冷却水温高、过电压、缺相、过载、短路等信号，机组应立即启动保护功能，并进行报警。

表7-4　发电机交接试验

序号	部位	内容	试验内容	试验结果
1	静态试验	定子电路	测量定子绕组的绝缘电阻和吸收比	绝缘电阻值大于 0.5 MΩ 沥青浸胶及烘卷云母绝缘吸收比大于 1.3，环氧粉云母绝缘吸收比大于 1.6
2			在常温下，绕组表面温度与空气温度差在 ±3℃范围内测量各相直流电阻	各相直流电阻值相互间差值不大于最小值2%，与出厂值在同温度下比差值不大于2%
3			交流工频耐压试验 1 min	试验电压为 1.5 U+750 V，无闪络击穿现象，Un 为发电机额定电压
4		转子电路	用 1000 V 兆欧表测量转子绝缘电阻	绝缘电阻值大于 0.5 MΩ
5			在常温下，绕组表面温度与空气温度差在 ±3℃范围内测绕组直流电阻	数值与出厂值在同温度下比差值不大于2%
6			交流工频耐压试验 1 min	用 2500 V 摇表测量绝缘电阻替代
7		励磁电路	退出励磁电路电子器件后，测量励磁电路的线路设备的绝缘电阻	绝缘电阻值大于 0.5 MΩ
8			退出励磁电路电子器件后，进行交流工频耐压试验 1 min	试验电压 1000 V，无击穿闪络现象

（续表）

序号	部位	试验内容	试验结果
9	其他	有绝缘轴承的用1000 V兆欧表测量轴承绝缘电阻	绝缘电阻值大于0.5 MΩ
10		测量检温计（埋入式）绝缘电阻，校验检温计精度	用250 V兆欧表检测不短路，精度符合出厂规定
11		测量灭磁电阻，自同步电阻器的直流电阻	与铭牌相比较，其差值为±10%
12	运转试验	发电机空载特性试验	按设备说明书，并符合要求
13	测量相序	相序与出线标志相符	——
14	测量空载和负荷后轴电压	按设备说明书，并符合要求	——

6.检测机组补给装置。将装置的手/自动开关切换到自动位置，人为放水或油至低液位，系统自动补给。与液面上升至高液位时，补给应自动停止。

7.采用相序表对市电与发电机电源进行核相，相序应一致。

8.与系统联动调试。人为切断市电电源，主用机组应能在设计要求的时间内自动启动并向负载供电，恢复市电，备用机组自动停机。

9.试运行验收。对受电侧的开关设备、自动或手动切换装置和保护装置等进行试验。试验合格后，按设计的备用电源使用分配方案，进行负荷试验，机组和电气装置连续运行12 h无故障，方可交接验收。

自启动柴油发电机应做自启动试验，并符合设计要求。

（十）质量验收标准

1.主控项目

①发电机的试验必须符合表7-4的规定。

②发电机组至低压配电柜馈电线路的相间、相对地间的绝缘电阻值应大于0.5MΩ；塑料绝缘电缆馈电线路直流耐压试验为2.4 kV，时间为15 min，泄漏电流稳定，无击穿现象。

③柴油发电机馈电线路连接后，两端的相序必须与原供电系统的相序一致。

④发电机中性线（工作零线）应与接地干线直接连接，螺栓防松零件齐全，且有标志。

2.一般项目

①发电机组随带的控制柜接线应正确，紧固件紧固状态良好，无遗漏脱落。开关、保护装置的型号、规格正确，验证出厂试验的锁定标记应无位移，有位移应重新按制造厂要求试验标定。

②发电机本体和机械部分的可接近裸露导体应接地（PE）或接零（PEN）可靠，且有标志。

③受电侧低压配电柜的开关设备、自动或手动切换装置和保护装置等试验合格，应按设计的自备电源使用分配预案进行负荷试验，机组连续运行12 h无故障。

第二节　变配电室安装

一、变压器

（一）油浸式变压器安装

变压器安装基础及基础轨道埋设多由土建施工，变压器安装前应根据变压器尺寸对基础进行验收，尺寸符合设计并与变压器本体尺寸相符后，即可进行变压器安装。

1.变压器的搬运

10 kV配电变压器单台容量多为1000 kVA左右，质量较轻，均为整体运输，整体安装。因此施工现场对这种小型变压器的搬运，均采用起重运输机械，其注意事项如下：

①小型变压器一般均采用吊车装卸。在起吊时，应使用油箱壁上的吊耳，严禁使用油箱顶盖上的吊环。吊钩应对准变压器中心，吊索与铅垂线的夹角不得大于30°，若不能满足时，应采用专用横梁挂吊。

②当变压器吊起约30 mm时，应停车检查各部分是否有问题，变压器是否平衡等，若不平衡，应重新找正。确认各处无异常，即可继续起吊。

③变压器装到拖车上时，其底部应垫以方木，且应用绳索将变压器固定，防止运输过程中发生滑动或倾倒。

④在运输过程中车速不可太快，特别是上、下坡和转弯时，车速应放慢，一般为10 ~ 15 km/h，以防因剧烈冲击和严重振动而损坏变压器内部绝缘构件。

⑤变压器短距离搬运可利用底座滚轮在搬运轨道上牵引，前进速度不应超过0.2 km/h。牵引的着力点应在变压器重心以下。

2.变压器安装前的检查与保管

变压器到达现场后，应及时进行下列检查：

①变压器应有产品出厂合格证，技术文件应齐全；型号、规格应和设计相符，附件、备件应齐全完好。

②变压器外表无机械损伤，无锈蚀。

③油箱密封应良好。带油运输的变压器，油枕油位应正常，无渗漏油现象，瓷体无损伤。

④变压器轮距应与设计轨距相符。

如果变压器运到现场不能很快安装，应妥善保管。如果三个月内不能安装，应在一个月内检查油箱密封情况，测量变压器内油的绝缘强度和测量绕组的绝缘电阻值。对于充气运输的变压器，如不能及时注油，可继续充入干燥洁净的与原充气体相同的气体保管，但必须有压力监视装置，压力可保持为0.01 ~ 0.03 MPa，气体的露点应低于-40℃。变压器在长期保管期间，应经常检查，检查变压器有无渗油，油位是否正常，外表有无锈蚀，并应每6个月检查一次油的绝缘强度。充气保管的变压器应经常检查气体压力，并做好记录。

3.变压器器身检查

变压器到达现场后，应进行器身检查。进行器身检查的目的是检查变压器是否有因长途运输和搬运，由于剧烈振动或冲击使芯部螺栓松动等一些外观检查不出来的缺陷，以便及时处理，保证安装质量。但是，变压器器身检查工作是比较繁杂而麻烦的，特别是大型变压器，进行器身检查须耗用大量人力和物力，因此，现场不检查器身的安装方法是个方向，凡变压器满足下列条件之一时，可不进行器身检查。其条件有以下两点：

①制造厂规定不进行器身检查者。

②就地生产仅做短途运输的变压器，且在运输过程中进行了有效的监督，无紧急制动、剧烈振动、冲撞或严重颠簸等异常情况者。

10 kV配电变压器的器身检查均采用吊芯检查。这样器身就要暴露在空气中，会增加器身受潮的概率。因此，做器身检查应选择良好天气和环境，并做好充分的准备工作，尽量缩短器身在空气中暴露的时间。

4.变压器的干燥

新装变压器是否需要进行干燥，应根据"新装电力变压器无须干燥的条件"进行综合分析判断后确定。

（1）带油运输的变压器

①绝缘油电气强度及微量水试验合格。

②绝缘电阻及吸收比符合规定。

③介质损失角正切值$\tan\delta$（％）符合规定（电压等级在35 kV以下及容量在4000 kVA以下者不做要求）。

（2）充氮运输的变压器

①器身内压力在出厂至安装前均保持正压。

②残油中微量水不应大于0.003％；电气强度试验在电压等级为330 kV以下者不低于30 kV。

③变压器注入合格油后：绝缘油电气强度及微量水符合规定；绝缘电阻及吸收比符合规定；介质损失角正切值$\tan\delta$（％）符合规定。

当变压器不能满足上述条件时，则应进行干燥。

电力变压器常用干燥方法较多，有铁损干燥法、铜损干燥法、零序电流干燥法、真空热油喷雾干燥法、煤油气相干燥法、热风干燥法及红外线干燥法等。干燥方法的选用应根据变压器绝缘受潮程度及变压器容量大小、结构形式等具体条件确定。

对整体运输和安装的10 kV配电变压器极少碰到须干燥的情况，加之干燥工艺过程比较复杂，在此就不再赘述。

5.变压器油的处理

需要进行干燥的变压器，都是因为绝缘油不合格。因此，在进行芯部干燥的同时，应进行绝缘油的处理。

需要进行处理的油有以下两类：

（1）老化了的油

所谓油的老化，是由于油受热、氧化、水分以及电场、电弧等因素的作用而发生油色变深、黏度和酸值增大、闪点降低、电气性能下降，甚至生成黑褐色沉淀等现象。老化了的油，须采用化学方法处理，把油中的劣化产物分离出来，即所谓油的"再生"。

（2）混有水分和脏污的油

这种油的基本性质未变，只是由于混进了水分和脏污，使绝缘强度降低。这种油采用物理方法便可把水分和脏污分离出来，即油的"干燥"和"净化"。在安装现场碰到的主要是这种油。因为对新出厂的变压器，油箱里都是注满的新油，不存在油的老化问题。只是可能由于在运输和安装中，因保管不善造成与空气接触，或其他原因，使油中混进了一些水分和杂物。对这种油，常采用压力过滤法进行处理。

6.变压器就位安装

变压器经过上述一系列检查之后，若无异常现象，即可就位安装。对于中小型变压器一般多是在整体组装状态下运输的，或者只拆卸少量附件，所以安装工作相应地要比大型变压器简单得多。

变压器就位安装应注意以下问题：

①变压器推入室内时，要注意高、低压侧方向应与变压器室内的高低压电气设备的装设位置一致，否则变压器推入室内之后再掉转方向就困难了。变压器油枕是处在靠变压器室门的外侧。

②变压器基础导轨应水平，轨距应与变压器轮距相吻合。装有气体继电器的变压器，应使其顶盖沿气体继电器气流方向有1%～1.5%的升高坡度（制造厂规定无须安装坡度者除外）。主要是考虑当变压器内部发生故障时，使产生的气体易于进入油枕侧的气体继电器内，防止气泡积聚在变压器油箱与顶盖间，只要在油枕侧的滚轮下用垫铁垫高即可。垫铁高度可由变压器前后轮中心距离乘以1%～1.5%求得。抬起变压器可使用千斤顶。

③装有滚轮的变压器，其滚轮应能灵活转动，就位后，应将滚轮用能拆卸的

制动装置加以固定。

④装接高、低压母线。母线中心线应与套管中心线相符。母线与变压器套管连接，应用两把扳手。一把扳手固定套管压紧螺母，另一把扳手旋转压紧母线的螺母，以防止套管中的连接螺栓跟着转动。应特别注意不能使套管端部受到额外拉力。

⑤接地装置引出的接地干线与变压器的低压侧中性点直接连接；变压器基础轨道也应和接地干线连接。接地线的材料可用铜绞线或扁钢，其接触处应搪锡，以免锈蚀，并应连接牢固。

⑥当需要在变压器顶部工作时，必须用梯子上下，不得攀拉变压器的附件。变压器顶盖应用油布盖好，严防工具材料跌落，损坏变压器附件。

⑦变压器油箱外表面如有油漆剥落，应进行喷漆或补刷。

7.变压器投入运行前的检查及试运行

在变压器投入试运行前，安装工作应全部结束，并进行必要的检查和试验。

（1）补充注油

在施工现场给变压器补充注油应通过油枕进行。为防止过多的空气进入油中，开始时，先将油枕与油箱间联管上的控制阀关闭，把合格的绝缘油从油枕顶部注油孔经净油机注入油枕，至油枕额定油位。让油枕里面的油静止15～30 min，使混入油中的空气逐渐逸出。然后，适当打开联管上的控制阀，使油枕里面的绝缘油缓慢地流入油箱。重复这样的操作，直到绝缘油充满油箱和变压器的有关附件，并且达到油枕额定油位为止。

补充注油工作全部完成以后，在施加电压前，应保持绝缘油在电力变压器里面静置24 h，再拧开瓦斯继电器的放气阀，检查有无气体积聚，并加以排放，同时，从变压器油箱中取出油样做电气强度试验。在补充注油过程中，一定要采取有效措施，使绝缘油中的空气尽量排出。

（2）整体密封检查

变压器安装完毕，补充注油以后应在油枕上用气压或油压进行整体密封试验，其压力为油箱盖上能承受0.03 MPa压力，试验持续时间为24 h，应无渗漏。

整体运输的变压器可不进行整体密封试验。

（3）试运行前的检查

变压器试运行，是指变压器开始带电，并带一定负荷即可能的最大负荷，连续运行24 h所经历的过程。试运行是对变压器质量的直接考验，因此，变压器在试运行前，应进行全面检查，确认其符合运行条件后，方可投入试运行。

（4）变压器试运行

新装电力变压器，只有在试运行中不发生异常情况，才允许正式投入生产运行。

变压器第一次投入，如有条件时应从零起升压。但在安装现场往往缺少这一条件，可全电压冲击合闸。冲击合闸时，一般宜由高压侧投入。接于中性点接地系统的变压器，在进行冲击合闸时，其中性点必须接地。

变压器第一次受电后，持续时间应不少于10 min，变压器无异常情况，即可继续进行。变压器应进行5次空载全电压冲击合闸，应无异常情况；励磁涌流不应引起保护装置的误动。冲击合闸正常，带负荷运行24 h，无任何异常情况，则可认为试运行合格。

（二）干式变压器安装

干式变压器安装工艺和油浸式变压器安装工艺基本相同，只是有些工序（如有关变压器油处理的工序等）没有了。

1.干式变压器安装应具备的作业条件

①变压器室内、墙面、屋顶、地面工程等应完毕，屋顶防水应无渗漏，门窗及玻璃安装完好，地坪抹光工作结束，室外场地平整，设备基础按工艺配制图施工完毕，受电后无法进行再装饰的工程及影响运行安全的项目施工完毕。

②预埋件、预留孔洞等均已清理并调整至符合设计要求。

③保护性网门、栏杆等安全设施齐全，通风、消防设置安装完毕。

④与电力变压器安装有关的建筑物、构筑物的建筑工程质量应符合现行建筑工程施工质量验收规范的规定，当设备及设计有特殊要求时，应符合其他要求。

2.开箱检查

①开箱检查应由施工安装单位、供货单位、建设单位和监理单位共同进行，并做好记录。

②开箱检查应根据施工图、设备技术资料文件、设备及附件清单，检查变

压器及附件的规格、型号、数量是否符合设计要求，部件是否齐全，有无损坏丢失。

③按照装箱单清点变压器的安装图纸、使用说明书，产品出厂试验报告、出厂合格证书、箱内设备及附件的数量等，与设备相关的技术资料文件均应齐全。并应登记造册。

④被检验的变压器及设备附件均应符合国家现行规范的规定。变压器应无机械损伤、裂纹、变形等缺陷，油漆应完好无损。变压器高压、低压绝缘瓷件应完整无损伤、无裂纹等。

⑤变压器有无小车，轮距与轨道设计距离是否相等，如不相符应调整轨距。

3. 变压器安装

（1）变压器二次搬运

机械运输，注意事项参照油浸式变压器。

（2）变压器本体安装

①变压器安装可根据现场实际情况进行，如变压器室在首层则可直接吊装进屋内；如果在地下室，可采用预留孔吊装变压器或预留通道运至室内就位到基础上。

②变压器就位时，应按设计要求的方位和距墙尺寸就位，横向距墙不应小于800 mm，距门不应小于1000 mm，并应考虑推进方向。开关操作方向应留有1200 mm以上的净距。

（3）变压器附件安装

①干式变压器一次元件应按产品说明书位置安装，二次仪表装在便于观测的变压器护网栏上。软管不得有压扁或死弯，富余部分应盘圈并固定在温度计附近。

②干式变压器的电阻温度计，一次元件应预装在变压器内，二次仪表应安装在值班室或操作台上，温度补偿导线应符合仪表要求，并加以适当的附加温度补偿电阻，校验调试合格后方可使用。

（4）电压切换装置安装

①变压器电压切换装置各分接点与线圈连接线压接正确，牢固可靠，其接触面接触紧密良好；切换电压时，转动触点停留位置正确，并与指示位置一致。

②有载调压切换装置转动到极限位置时，应装有机械联锁和带有限位开关的电子联锁。

③有载调压切换装置的控制箱，一般应安装在值班室或操作台上，接线正确无误，并应调整好，手动、自动工作正常，挡位指示正确。

（5）变压器接线

①变压器的一次、二次接线、地线、控制管线均应符合现行国家施工验收规范规定。

②变压器的一次、二次引线连接，不应使变压器套管直接承受应力。

③变压器中性线在中性点处与保护接地线接在一起，并应分别敷设；中性线宜用绝缘导线，保护地线宜用黄/绿相间的双色绝缘导线。

④变压器中性点的接地回路中，靠近变压器处，宜做一个可拆卸的连接点。

4.变压器送电调试运行

（1）变压器送电前的检查

①变压器试运行前应做全面检查，确认各种试验单据齐全、数据真实可靠，变压器一次、二次引线相位、相色正确，接地线等压接接触截面符合设计和国家现行规范规定。

②变压器应清理、擦拭干净，顶盖上无遗留杂物，本体及附件无缺损。通风设施安装完毕，工作正常；消防设施齐备。

③变压器的分接头位置处于正常电压挡位。保护装置整定值符合规定要求，操作及联动试验正常。

（2）变压器空载调试运行

①全电压冲击合闸。高压侧投入，低压侧全部断开，受电持续时间应不少于10 min，经检查应无异常。

②变压器受电无异常，每隔5 min进行冲击一次。连续进行3～5次全电压冲击合闸，励磁涌流不应引起保护装置误动作，最后一次进行空载运行。

③变压器全电压冲击试验，是检验其绝缘和保护装置。但应注意，有中性点接地变压器在进行冲击合闸前，中性点必须接地。否则冲击合闸时，将会造成变压器损坏事故发生。

④变压器空载运行的检查方法。主要是听声音进行辨别变压器空载运行情

况，正常时发出嗡嗡声。异常时有以下几种情况发生：声音比较大而均匀时，可能是外加电压偏高；声音比较大而嘈杂时，可能是芯部有松动；有嗞嗞放电声音，可能套管有表面闪络，应严加注意，并应查出原因及时进行处理，或更换变压器。

⑤做冲击试验中应注意观测冲击电流、空载电流、一次二次侧电压、变压器温度等，做好详细记录。

经过空载冲击试验运行24 ~ 28 h，确认无异常情况，即可转入带负荷试运行，将变压器负载逐渐投入，至半负载时停止加载，进行运行观察，符合安全运行后，再进行满负荷调试运行。

（三）变压器试验

新装电力变压器试验的目的是验证变压器性能是否符合有关标准和技术条件的规定，制造上是否存在影响运行的各种缺陷，在交接运输过程中是否遭受损伤或性能发生变化。

电力变压器的试验项目，应包括下列内容：

1.绝缘油试验或SF_6气体试验。

2.测量绕组连同套管的直流电阻。

3.检查所有分接头的变压比。

4.检查三相变压器的结线组别和单相变压器引出线的极性。

5.测量与铁芯绝缘的各紧固件（连接片可拆开者）及铁芯（有外引接地线的）的绝缘电阻。

6.非纯瓷套管的试验。

7.有载调压切换装置的检查和试验。

8.测量绕组连同套管的绝缘电阻、吸收比或极化指数。

9.测量绕组连同套管的介质损失角正切值$\tan\delta$。

10.测量绕组连同套管的直流泄漏电流。

11.变压器绕组变形试验。

12.绕组连同套管的交流耐压试验。

13.绕组连同套管的长时感应电压试验带局部放电试验。

14.额定电压下的冲击合闸试验。

15.检查相位。

16.测量噪声。

二、高压开关设备安装

10 kV变配电所所用高压开关设备主要是断路器、负荷开关、隔离开关和熔断器等。这些开关设备在多数情况下是根据配电系统的需要与其他电器设备组合，安装在柜子内，形成各种型号的成套高压开关柜。因此，在施工现场碰到的多是成套配电柜的安装和这些开关设备的调整。

（一）高压断路器安装调整

建筑内10 kV变配电所使用的高压断路器有少油断路器、空气断路器、真空断路器及六氟化硫断路器等。

1.少油断路器的安装调整

10 kV少油断路器安装时，对制造厂规定不做解体且有具体保证的可不做解体检查，安装固定应牢靠，外表清洁完整；电气连接应可靠且接触良好；油位正常，无渗油现象。

①断路器导电部分，应符合下列要求：

A.触头的表面应清洁，镀银部分不得锉磨；触头上的铜钨合金不得有裂纹、脱焊或松动。

B.触头的中心应对准，分、合闸过程中无卡阻现象，同相各触头的弹簧压力应均匀一致，合闸时触头接触紧密。

②弹簧缓冲器或油缓冲器应清洁、固定牢靠、动作灵活、无卡阻回跳现象，缓冲作用良好；油缓冲器注入油的规格及油位应符合产品的技术要求。油标的油位指示应正确、清晰。

③油断路器和操动机构连接时，其支撑应牢固，且受力均匀；机构应动作灵活，无卡阻现象。断路器和操动机构的联合动作，应符合下列要求：

A.在快速分、合闸前，必须先进行慢分、合的操作。

B.在慢分、合过程，应运动缓慢、平稳，不得有卡阻、滞留现象。

C.产品规定无油严禁快速分、合闸的油断路器，必须充油后才能进行快速分、合闸操作。

D.机械指示器的分、合闸位置应符合油断路器的实际分、合闸状态。

E.在操作调整过程中应配合进行测量检查行程、超行程、相间和同相各断口间接触的同期性及合闸后，传动机构杠杆与止钉间的间隙。

④手车式少油断路器的安装还应符合以下要求：

A.轨道应水平、平行，轨距应与手车轮距相配合，接地可靠，手车应能灵活轻便地推入或拉出，同型产品应具有互换性。

B.制动装置应可靠，且拆卸方便，手车操动时应灵活、轻巧。

C.隔离静触头的安装位置准确，安装中心线应与触头中心线一致，接触良好，其接触行程和超行程应符合产品的技术规定。

D.工作和试验位置的定位应准确可靠，电气和机械联锁装置动作应准确可靠。

2.真空断路器安装与调整

真空断路器安装与调整，应符合下列要求：

①安装应垂直，固定应牢靠，相间支持瓷件在同一水平面上。

②三相联动连杆的拐臂应在同一水平面上，拐臂角度一致。

③安装完毕后，应先进行手动缓慢分、合闸操作，无不良现象时方可进行电动分、合闸操作。断路器的导电部分，应符合下列要求：

A.导电部分的可挠铜片不应断裂，铜片间无锈蚀，固定螺栓应齐全紧固。

B.导电杆表面应洁净，导电杆与导电夹应接触紧密。

C.导电回路接触电阻值应符合产品技术要求。

④测量真空断路器的行程、压缩行程及三相同期性，应符合产品技术规定。

3.断路器操动机构的安装

断路器所用操动机构有手动机构、气动机构、液压机构、电磁机构及弹簧机构等。各种类型操动机构的安装都有其特殊的要求，但均要符合以下规定：

①操作机构固定应牢靠，底座或支架与基础间的垫片不宜超过3片，总厚度不应超过20 mm，并与断路器底座标高相配合，各片间应焊牢。

②操动机构的零部件应齐全，各转动部分应涂以适合当地气候条件的润滑脂。

③电动机转向应正确。

④各种接触器、继电器、微动开关、压力开关及辅助开关的动作应准确可靠，接点应接触良好，无烧损或锈蚀。

⑤分、合闸线圈的铁芯应动作灵活，无卡阻。

⑥加热装置的绝缘及控制元件的绝缘应良好。

（二）隔离开关和负荷开关安装调整

1. 开关安装前的检查

开关安装前的检查，应符合下列要求：

①开关的型号、规格、电压等级等与设计相符。

②接线端子及载流部分应清洁，且接触良好，触头镀银层无脱落。

③绝缘子表面应清洁，无裂纹、破损、焊接残留斑点等缺陷，瓷铁黏合应牢固。

④操动机构的零部件应齐全，所有固定连接部件应紧固，转动部分应涂以适合当地气候的润滑脂。

安装前除对开关本体进行以上检查外，还要对安装开关用的预埋件（螺栓或支架）进行检查。要求螺栓或支架埋设平正、牢固。

2. 开关安装

①用人力或其他起吊工具将开关本体吊到安装位置（开关转轴中心线距地面高度一般为2.5 m），并使开关底座上的安装孔套入基础螺栓，找正找平后拧紧螺母。当在室内间隔墙的两面，以共同的双头螺栓安装隔离开关时，应保证其中一组隔离开关拆除时，不影响另一侧隔离开关的固定。拧紧螺母时，要注意防止开关框架变形，否则操作时会出现卡阻现象。

②安装操动机构。户内高压隔离开关多配装拉杆式手动操动机构。操动机构的固定轴距地面高度一般为1～1.2 m。将操动机构固定在事先埋设好的支架上，并使其扇形板与装在开关转轴上的轴臂在同一平面上。

③配制延长轴。当开关转动轴需要延长时，可采用同一规格的圆钢（一般多为ϕ30圆钢）进行加工。延长轴用轴套与开关转动轴相连接，并应增设轴承支架支撑，两轴承的间距不得大于1 m，在延长轴末端约100 mm处应安装轴承支

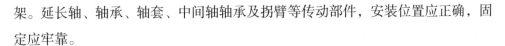

架。延长轴、轴承、轴套、中间轴轴承及拐臂等传动部件，安装位置应正确，固定应牢靠。

④配装操作拉杆。操作拉杆应在开关处于完全合闸位置、操动机构手柄到达合闸终点处装配。拉杆两端采用直叉型接头分别和开关的轴臂、操动机构扇形板的舌头连接。拉杆的内径应与操动机构轴的直径相配合，两者的间隙不应大于1 mm，连接部分的销子不应松动。

⑤将开关底座及操动机构接地。

3.开关调整

开关本体和操动机构安装后，应进行联合调试，使开关分、合闸符合质量标准。

①拉杆式手动操动机构的手柄位于上部极限位置时，应是隔离开关或负荷开关的合闸位置；反之，应是分闸位置。

②将开关慢慢分闸。分闸时要注意触头间的净距应符合产品的技术规定。如不符合要求，可调整操作拉杆的长度或改变拉杆在扇形板上的位置。

③将开关慢慢合闸，观察开关动触头有无侧向撞击现象。如有，可改变固定触头的位置，以使刀片刚好进入插口。合闸后触头间的相对位置、备用行程应符合产品的技术规定。

④三相联动的隔离开关，触头接触时，不同期值应符合产品的技术规定。当无规定时，其不同期允许值不大于5 mm。超过规定时，可调整中间支撑绝缘子的高度。

⑤触头间应接触紧密，两侧的接触压力应均匀，用0.05 mm×10 mm的塞尺检查，对于线接触应塞不进去。对于面接触，其塞入深度有以下要求：在接触表面宽度为50 mm以下时，不应超过4 mm；在接触表面宽度为60 mm以上时，不应超过6 mm。触头表面应平整、清洁，并应涂以薄层中性凡士林。

⑥负荷开关的调整除应符合上述规定外，还应符合下列要求：

A.在负荷开关合闸时，主固定触头应可靠地与主刀刃接触，应无任何撞击现象。分闸时，手柄向下转约150°时，开关应自动分离，即动触头抽出消弧腔时，应突然以高速跳出，之后仍以正常速度分离，否则须检查分闸弹簧。

B.负荷开关的主刀片和灭弧刀片的动作顺序是：合闸时灭弧刀片先闭合，主刀片后闭合；分闸时，则是主刀片先断开，灭弧刀片后断开，且三相的灭弧刀片应同时跳离固定灭弧触头。合闸时，主刀片上的小塞子应正好插入灭弧装置的喷嘴内，不应剧烈地碰撞喷嘴。

C.灭弧筒内产生气体的有机绝缘物应完整无裂纹；灭弧触头与灭弧筒的间隙应符合要求。

⑦开关调整完毕，应经3 ~ 5次试操作，完全合格后，将开关转轴上轴臂位置固定，将所有螺栓拧紧，开口销分开。

参考文献

[1] 贺莹, 王建纲, 杨振华. 建筑电气设计与安装技术研究 [M]. 沈阳: 辽宁科学技术出版社, 2024.

[2] 周巧仪. 智能建筑照明技术 [M]. 2版. 北京: 电子工业出版社, 2024.

[3] 黄修力. 建筑电气消防工程 [M]. 2版. 北京: 电子工业出版社, 2023.

[4] 尹世青, 赖清明, 吴鹏飞. 建筑电气工程施工与安装研究 [M]. 长春: 吉林科学技术出版社, 2023.

[5] 杨伟杰, 徐晶, 王艳敏. 建筑消防与防火监督 [M]. 哈尔滨: 哈尔滨工程大学出版社, 2023.

[6] 樊培琴, 马林, 王鹏飞. 建筑电气设计与施工研究 [M]. 长春: 吉林科学技术出版社, 2022.

[7] 王鹏, 李松良, 王蕊. 建筑设备 [M]. 3版. 北京: 北京理工大学出版社, 2022.

[8] 侯文宝, 李德路, 张刚. 建筑电气消防技术 [M]. 镇江: 江苏大学出版社, 2021.

[9] 王子若. 建筑电气智能化设计 [M]. 北京: 中国计划出版社, 2021.

[10] 孙成群. 建筑电气关键技术设计实践 [M]. 北京: 中国计划出版社, 2021.

[11] 李云, 周友初, 刘志新; . 建筑电气工程 [M]. 长沙: 中南大学出版社, 2021.

[12] 侯冉. 建筑电气施工技术 [M]. 北京: 北京理工大学出版社, 2021.

[13] 陈秋菊, 汪怀蓉. 建筑电气控制技术 [M]. 北京: 北京理工大学出版社, 2021.

[14] 谢社初, 周友初. 建筑电气施工技术 [M]. 3版. 武汉: 武汉理工大学出版社, 2021.

[15] 贾永波, 赵晓阳, 张小燕. 建筑电气设计与地基技术 [M]. 汕头: 汕头大学出版社, 2021.

[16] 魏立明, 王琮泽, 于秋红. 建筑电气照明技术与应用 [M]. 北京: 机械工业出

版社，2021.

[17]田娟荣.建筑设备[M].北京：机械工业出版社，2021.

[18]王克河，焦营营，张猛.建筑设备[M].北京：机械工业出版社，2021.

[19]刘福玲，冀峰，魏钢.建筑设备[M].2版.北京：机械工业出版社，2021.

[20]赵志曼，白国强，孙玉梅.建筑设备工程[M].北京：机械工业出版社，2021.

[21]金鹏涛，李渐波.建筑设备[M].2版.北京：北京理工大学出版社，2021.

[22]李明君，董娟，陈德明.智能建筑电气消防工程[M].重庆：重庆大学出版社，2020.

[23]李秀珍，姜桂林.建筑电气技术[M].北京：机械工业出版社，2020.

[24]王刚，乔冠，杨艳婷.建筑智能化技术与建筑电气工程[M].长春：吉林科学技术出版社，2020.

[25]苏山，魏华，韦宇.建筑电气控制技术[M].2版.北京：电子工业出版社，2020.

[26]陈众励，程大章.现代建筑电气工程师手册[M].北京：中国电力出版社，2020.

[27]毕庆，田群元.建筑电气与智能化工程[M].北京：北京工业大学出版社，2019.

[28]杜乐.建筑电气设计常用技术手册[M].北京：机械工业出版社，2019.

[29]高庆敏.建筑电气设计技术[M].北京：中国环境出版集团，2019.

[30]马志溪，秦运雯，陈汝鹏.建筑电气及智能化工程实施[M].北京：化学工业出版社，2019.